மருத்துவ மூலிகைகள்

வி.எஸ்.ரோமா

Made with ♥ on the Notion Press Platform
www.notionpress.com

பொருளடக்கம்

1

மூலிகை

1. தமிழக வரலாற்றில் தரங்கம்பாடி

- ஆ. சிவசுப்பிரமணியன்

இராமச்சந்திரன்.சீ (2005) தரங்கம்பாடி ஓலை ஆவணங்கள் சென்னை, குடவாயில் பாலசுப்பிரமணியன் (1999) தஞ்சாவூர் நாயக்கர் வரலாறு,

Prof P.Maria Lazar (2010) - Tales of Tranquepar

மயிலாடுதுறையில் இருந்து நாகப்பட்டினம் செல்லும் சாலையில், பழமையின் எச்சங்களுடன் சுற்றுலாத் தலமாகக் காட்சியளிக்கும் கடற்கரையூர் தரங்கம்பாடி. நாகப்பட்டினம் மாவட்டத்தில் அடங்கிய வட்டம் ஒன்றின் தலைமை யிட-மாக இது விளங்குகிறது.

பதினாறாம் நூற்றாண்டுத் தமிழகத்தின் குறிப்பிடத் தக்க துறைமுகங்களுள் ஒன்றாகத் தரங்கம்பாடி விளங்கியுள்ளது. போர்ச்சுக்கீசியர், டச்சுக்காரர், டேனீசியர், ஆங்கிலேயர் எனப்பல அய்ரோப்பிய நாட்டு வணிகர்கள் இங்குத் தங்கி வாணிபம் மேற்கொண்டுள்ளனர்.

வரலாற்றுத் தொன்மை - தரங்கம்பாடிக்கு மிக அருகி-லுள்ள ‘பொறையாறு’ என்ற ஊர் குறித்த செய்திகள் சங்க

இலக்கியங்களில் இடம் பெற்றுள்ளன. பெரியன் என்பவன் இவ்வூரை ஆண்டு வந்துள்ளான்.

'நாரைகள் இறால் மீனைப் பிடித்து உண்டு மகிழும் கடற்கரையில், நல்லதேரையுடைய பெரியன் என்பவனின் கள்மணம் கமழும் பொறையாறு போன்ற அழகினையுடையேம்'

என்று தலைவி கூற்றாக நற்றிணை (131:6-8) குறிப்பிடுகிறது. அகநானூறு (100:11-12),

'கைவண் கோமான் புரியுடை நல்தேர்ப் பெரியன்' என்பவனது புன்னைமரம் அடர்ந்த சோலை சூழ்ந்த பொறையாற்றின் கடல்துறை'

என்று குறிப்பிடுகிறது. கல்லாடனார் என்ற புலவர் புன்னை மரங்கள் அடர்ந்த செழிப்பான நகர் என்ற பொருளில் 'புன்னைச் செழுநகர்' என்று இவ்வூரைக் குறிப்பிட்டு, இவ்வூரை ஆளுவோனாக, 'பொறையாற்றுக் கிழான்' என்பவனைக் குறிப்பிடுகிறார் (புறநானூறு:391:17).

மாசிலாமணீஸ்வரர் கோவில் என்ற பெயரிலான சிவன் கோவில் ஒன்று தரங்கம்பாடியில் உள்ளது. இக் கோவிலில் குலசேகரப் பாண்டியனின் முப்பத்தியேழாவது ஆட்சியாண்டுக் (கி.பி.1305) கல்வெட்டொன்றுள்ளது. இக்கல்வெட்டில், 'சடங்கன்பாடியான குலசேரன் பட்டினத்து உடையார் மணிவண்ணீசுரமுடையார்க்கு' என்ற தொடர் இடம்பெற்றுள்ளது. தொடக்கத்தில் சடங்கன்பாடி என்ற பெயரில் தரங்கம்பாடி அழைக்கப் பட்டுவந்ததும், குலசேகரபாண்டியன் தன்பெயருடன் தொடர்புபடுத்தி குலசேகரன்பட்டினம் என்று பெயர் மாற்றம் செய்துள்ளான் என்பதும் இக்கல்வெட்டால் அறியக் கிடக்கிறது.

மாற்றம் செய்யப்பட்ட இப்பெயர், வழக்கில் இருந் துள்ளது. தரங்கம்பாடிக்கு அருகிலுள்ள திருக்கடையூர் கோவிலில் கிடைத்துள்ள கல்வெட்டொன்றில் இக் கோவிலுக்கு வணிகர்கள் சிலர் கொடை வழங்கியது இடம்பெற்றுள்ளது. இவ்வணிகர்களின் ஊராகக் குலசேகரன்பட்டினம் குறிப்பிடப்பட்டுள்ளது.

இதே கோவில் கல்வெட்டொன்றில் 'இதுக்கு தாழ்வு சொன்னார் உண்டாகில் பதினெண் விஷயத்துக்கும் கரையார்க்கும் துரோகியாகக் கடவர்களாகவும்' என்ற காப்புரை இடம்பெற்றுள்ளது. இக்காப்புரையில் இடம்பெறும் 'பதினெண்விஷயம்' என்ற சொல் வணிகர் குழு ஒன்றைக் குறிப்பதாகும்.

தஞ்சை நாயக்கமன்னனான அச்சுதப்ப நாயக்கரது கல்வெட்டொன்று முற்றுப்பெறாத நிலையில் தரங்கம் பாடி மாசிலாமணீஸ்வரர் கோவிலில் கிடைத்துள்ளது. 1614 ஆம் ஆண்டைச் சேர்ந்த இக்கல்வெட்டில் 'சடங்கன்பாடி' என்றே தரங்கம்பாடி குறிப்பிடப்பட்டுள்ளது.

விலையின்றி உரிமையாகப் பெறும் பாக்கினை 'பாக்கு சுவந்திரம்' என்று சுட்டும் இக்கல்வெட்டு, பாக்கு தொடர்பான எண்ணல் அளவையை 'அமணத்து' என்று குறிப்பிடுகிறது. ஓர் அமணம் அல்லது அவணம் இருபதாயிரம் கொட்டைப் பாக்குகளைக் கொண்ட தாகும். தரங்கம்பாடியில் பாக்கு வணிகம் நிகழ்ந்ததை இதனால் அறிய முடிகிறது.

புன்னைச் செழுநகர் என்று பொறையாற்றைப் புறநானூறு குறிப்பிடுவதன் அடிப்படையில் நகரம் என்ற தகுதியினை இப்பகுதி சங்ககாலத்திலேயே பெற்றிருந்தது புலனாகிறது. குலசேகரன்பட்டினம் என்று இவ்வூரை அழைத்ததும், கல்வெட்டுகளில் இடம்பெறும் வாணிபம் மற்றும் வணிகர்கள் குறித்த செய்திகளும் வாணிப நகர மாக, தரங்கம்பாடி விளங்கியதை வெளிப்படுத்துகின்றன.

தரங்கம்பாடியில் டேனிசியர் - வாணிப நகராக விளங்கிய தரங்கம்பாடியின் வரலாற்றில் நிகழ்ந்த முக்கிய நிகழ்வு, டென்மார்க் நாட்டினர் (டேனிசியர்) இங்குக் குடியேறிக் கோட்டை கட்டிக் கொண்டதாகும். தென்கிழக்கு ஆசிய நாடு களுடன் வாணிபம் செய்யப் பதினேழாம் நூற்றாண்டில் வாணிபக் கழகங்களை அய்ரோப்பிய நாட்டினர் நிறுவினர். நமக்கெல்லாம் நன்கு அறிமுகமான ஆங்கிலக் கிழக்கிந்தியக் கம்பெனி 1600ஆம் ஆண்டில் இங்கிலாந்தில் நிறுவப்பட்டது. இதுபோன்றே பிரெஞ்ச் கிழக்கிந்தியக் கம்பெனி, டச்

கிழக்கிந்தியக் கம்பெனி ஆகியன நிறுவப் பட்டன.

டென்மார்க் நாட்டினர் டேனிஷ் கிழக்கிந்திய கம்பெனி என்ற பெயரில் வணிக நிறுவனம் ஒன்றை டென்மார்க்கின் கோபன்ஹேகன் (Copenhagen) என்ற நகரில் கி.பி.1616ஆம் ஆண்டு நிறுவினர். டென்மார்க்கின் மன்னனான நான்காம் கிறிஸ்தியன் என்பவனின் ஆதரவு இந்நிறுவனத்திற்கிருந்தது. இந்தியாவுடன் வாணிபம் நடத்துவதில் இவர் ஆர்வம் காட்டினார்.

1618ஆம் ஆண்டில் இந்நிறுவனத்தின் கப்பல் ஒன்று சோழமண்டலக் கடற்கரைப் பகுதிக்குள் வந்தது. நாகப்பட்டினத்தை மையமாகக்கொண்டு இப்பகுதியில் தம் வாணிப நடவடிக்கைகளை மேற்கொண்டிருந்த போர்ச்சுக்கீசியர்கள், மற்றொரு அய்ரோப்பிய நாடு தமக்குப் போட்டியாக வருவதை விரும்பவில்லை. இதனால் இக்கப்பலைத் தாக்கி மூழ்கடித்தனர்.

இதே ஆண்டில் ஓவஜெட்டே என்ற அட்மிரல் தலைமையில் இரண்டு போர்க்கப்பல்களும் டேனிஷ் கிழக்கிந்தியக் கம்பெனியின் மூன்று வாணிபக் கப்பல்களும் இலங்கை வந்தன. இலங்கை மன்னனுடன் வாணிப ஒப்பந்தம் செய்துகொண்டு கண்டி நகரில் ஓவஜெட்டே தங்கினான். டென்மார்க் மன்னனின் தூதுவன் என்ற அரசியல் தகுதியையும் அவன் பெற்றிருந்தான்.

1620ஆம் ஆண்டு அக்டோபர் முப்பதாம் நாள், அவன் தஞ்சாவூர் வந்தான். அப்போதைய தஞ்சை நாயக்க மன்னன் இரகுநாத நாயக்கனை நவம்பர் ஏழாம் நாள் சந்தித்து, தன் நாட்டின் வாணிப நடவடிக்கைகளை அவரது ஆட்சிப்பகுதிக்குள் நடத்த அனுமதி வேண்டினான். இதை இரகுநாத நாயக்கன் ஏற்றுக் கொண்டதன் அடிப்படையில், டென்மார்க் மன்னன் நான்காம் கிறிஸ்தியனுக்கும், நாயக்க மன்னனுக்கும் இடையில் 1620 நவம்பர் 19ஆம் நாள் ஒப்பந்தமொன்று உருவானது. இரகுநாதன் நாயக்கரின் விருப்பப்படி போர்ச்சுகீசிய மொழியில் எழுதப்பட்ட இவ்வொப்பந்தம் பதினைந்து விதிமுறைகளைக் கொண்டதாய் இருந்தது. பதின்-

மூன்று பதினான்காவது விதிமுறைகளில் பின்வரும் செய்தி இடம்பெற்றிருந்தது.

தரங்கம்பாடி என்றழைக்கப்படும் கிராமமானது டென்மார்க் மன்னனின் சொத்தாக அடுத்த இரண்டாண்டுகள் விளங்கும்... டென்மார்க் மன்னரும் அவரது குடிகளும் அவர்கள் விரும்பும் வகையில் கோட்டை கட்டிக்கொள்ள அனுமதி வழங்கப்படுகிறது. இதற்குத் தேவைப்படும் அளவுக்கு சுண்ணாம்பும் கல்லும் நாங்கள் வழங்கு கிறோம்.

இவ்வுடன்படிக்கை ஏற்பட்டு இரண்டாண்டுகளுக்குப் பின்னர் தரங்கம்பாடியைச் சுற்றியுள்ள பதினைந்து கிராமங்களை, தஞ்சை நாயக்கமன்னரிடம் இருந்து குத்தகையாகப் பெற்றனர். இக்கிராமங்களும் தரங்கம் பாடி ஊரும் டேனிசியரின் நிர்வாகத்திற்குள் இருந்தன.

தஞ்சை நாயக்கர் ஆட்சியை அடுத்து மராத்தியர் ஆட்சி தஞ்சைப்பகுதியில் உருவானது. மராத்தியர் ஆட்சியிலும், இப்பகுதிகள் டேனிசியர் பொறுப்பிலேயே இருந்தன. ஆண்டுதோறும் குத்தகைப் பணம் மட்டும் செலுத்தி வந்தனர். ஆங்கிலக் கிழக்கிந்தியக் கம்பெனி இந்திய மன்னர்களைத் தம் கட்டுப்பாட்டிற்குள் கொண்டு வந்த போது தஞ்சை மராத்திய மன்னர்களும் தம் சுயேச்சைத் தன்மையை இழந்தனர். மன்னர் பெற வேண்டிய வருவாய் வரையறுக்கப்பட்டது. இவ்வகையில் தோபா என்ற பெயரில் டேனியர்கள் செலுத்தி வந்த இரண்டாயிரம் சக்கரம் பணம் மராத்தி மன்னரின் வருவாய் இனத்தில் சேர்க்கப்பட்டது.

டேனிஸ்பர்க் கோட்டை - இரகுநாத நாயக்கருடன் 1620இல் செய்து கொண்ட உடன்படிக்கையின் அடிப்படையில் 1620-21ஆம் ஆண்டுகளில் டேனிஷ் கிழக்கிந்தியக் கம்பெனி கோட்டை ஒன்றைக் கட்டியது. டேன்ஸ்பர்க் என்று பெயரிடப்பட்ட இக்கோட்டையைப் பாதுகாக்க நென்றிக்ஹஸ் என்பவர் தளபதியாக நியமிக்கப்பட்டார். முப்பத்தாறு பீரங்கிகள் இக்கோட்டையில் நிறுவப் பட்டன. இக்கோட்டையைக் குறித்து குடவாயில் பாலசுப்பிரமணியன் (1999:299) பின்வருமாறு விவரித்துள்ளார்.

நான்கு மூலைகளிலும் கொத்தளம் கொண்ட அமைப்போடு கற்களால் கட்டப் பெற்ற புற அரண் கொண்ட சுவர்களோடு கோட்டை அமைப்பை ஏற்படுத்தினர். இவ்வரண்களைச் சுற்றிலும் அகழி அமைத்தனர். அகழியைக் கடந்து உள்ளே செல்ல இழுவைப் பாலத்தையும் அமைத்தனர். மூன்று புறமும் சிப்பாய்கள் தங்குமிடம் (Barracks) கிடங்குகள் (Ware House) சமையலறை, மற்றும் சிறை அறைகளை அமைத்து, கிழக்கே இரண்டு அடுக்கு மாளிகையை உரு வாக்கினர். வளைந்த உட்கூரை பெற்றுத்திகழும் பூமிக்கு அடியில் அமைந்த தளத்தில், இராணுவத் தளவாடக் கிடங்கு, வணிகக் கிடங்கு ஆகிய வற்றையும், மேல்தளத்தில் தேவாலயம், கவர்னரின் தங்குமிடம், தலைமை வணிகர், மற்றும் காப்டனின் தங்குமிடங்கள் ஆகியவற்றையும் அமைத்தனர். இவற்றிற்குக் கடலும், ஆறும் காப்பாக அமைந்தன.

தரங்கம்பாடி என்னும் அவ்வூருக்கு எந்தவித மதிலரண்களும் இல்லாமல் இருந்தன. ஊரின் எல்லைகளைக் குறிக்கும் இடங்களிலும், சுங்கத் தீர்வை வசூலிக்கப் பெறும் இடத்திலும் நாயக்க மன்னரின் இலச்சினை பெரிக்கப் பெற்ற வழவழப்பான கற்கள் இருந்தன. டேனிஸ் பர்க் கோட்டையில் நிலையாகத் தங்கிக்கொண்டு ஆண்டுதோறும் நாயக்க மன்னருக்குப் பகுதி அளிப்பதற்கு உரிய அனுமதியை கி.பி.1624இல் இரகுநாத நாயக்கர் வழங்கினர். கி.பி.1646இல் கோட்டைக்கு 300 மீட்டர்கள் மேற்காகத் தஞ்சை செல்லும் நெடுவழியில் பெரிய கத்தோலிக்க தேவாலயம் எழுப்பப் பெற்றது. கி.பி.1650இல் தரங்கம்பாடி நகரமாக வளர்ச்சி பெற்றது.

விஜயராகவ நாயக்கரின் இறுதிக் காலத்தில் தஞ்சை நாயக்க அரசுக்கு ஏற்பட்ட நலிவும் சோதனைகளும் டேன்ஸ்பர்க் கோட்டைக்குச் சாதகமாய் அமைந்ததாலும், தங்களுக்கென 50 சதுரமைல் பரப்பளவுள்ள சோழ நாட்டுப் பகுதியின் உரிமை கிடைத்ததாலும் டேன்ஸ்பர்க் கோட்டையும், தரங்கம்பாடி நகரமும் வலிமை பெற்ற பாது காப்புடைய

நகரமாக மரின. இதனால் விஜய ராகவ நாயக்கரின் இறுதிக் காலத்திலும், தஞ்சை மராட்டியர்களின் தொடக்க காலத்திலும் தரங்கம்பாடி முழுவதற்கும் கோட்டைச் சுவர் எழுப்பப் பெற்றதோடு அதன் வெளிப்புறத்தே அகழியும் தோண்டப் பெற்றது. அவ்வகழி ஆற்றோடும் இணைக்கப் பெற்றது. 17 ஆம் நூற்றாண்டின் பிற்பகுதியில் தரங்கம்பாடியும் டேனிஷ்பர்க் கோட்டையும் நீர் சூழ்ந்த பேரரண் பெற்ற நகரமாக விளங்கலாயிற்று.

ஜான் ஓலேபஸன் என்பவர் 1623 மே மாதம் பீரங்கிச் சிப்பாயாக, தரங்கம்பாடிக்கு வந்தார். ஒன்றரை ஆண்டுகள் தரங்கம்பாடியில் வாழ்ந்துள்ளார். டேனீஷ்பர்க் கோட்டையைக் கட்டியதில் நம்மவர்களின் பங்களிப்பைப் பாராட்டிப் பின்வருமாறு எழுதியுள்ளார்:

டேனிஸ் போர்க் என்று பெயர் பெற்ற தரங்கம் பாடிக் கோட்டை மாளிகை மிகவும் அழகான கட்டடம், மூலைகளில் கொத்தளங்கள் அழகாக அமைக்கப்பட்டுள்ளன. செங்கல்லிலான இந்தக் கட்டடத்தை இந்தியக் கொத்தனார்கள் கட்டி னார்கள். இவர்கள் நம் ஐரோப்பியக் கட்டுமான வேலைக்காரர்களை விட மிகவும் விரைவாகவும், தொழில் நுணுக்கம் சிறந்தவர்களாகவும் திகழ் கிறார்கள். இந்தக் கோட்டையின் நடுவில் எழிலான ஒரு "சர்ச்சு" ஒன்றும் கட்டடப்பட்டுள்ளது. இதை இந்தியக் கொத்தனார்கள் கட்டினார்கள். நாம் கொடுத்த டேனிஷ் வரைபடத்தினைப் பின் பற்றி இவர்கள் கட்டியிருக்கிறார்கள்" (பால சுப்பிரமணியன் 1999:353).

தமிழ்நாடு அரசின் தொல்லியல் துறையினர் 2001-2002 ஆண்டுகளில் டேனிஷ்பர்க் கோட்டையின் வட பகுதிச் சுவரைச் செப்பனிட்டனர். அப்போது கோட்டையின் அடித்தளம் எவ்வாறு அமைக்கப் பட்டிருந்தது என்பதையறிய ஆய்வு மேற்கொண்டனர். இவ் ஆய்வில் கண்டறிந்த உண்மைகள் வருமாறு:

'இயற்கை மண் ஆகிய கடல் மண் மீது செங்கற் கட்டடமும் செங்கல் துண்டுகளைக் கொண்டு தரையும் அமைக்கப்பட்டுள்ளன. அதன் மேலே முப்பது செ.மீட்டர் தடிமண் அளவுக்கு, தவிட்டு மண் எனப்படும் மணலும் பரப்பப்பட்டிருந்தன. அதற்கு மேலே சுவர் கட்டப்பட்டுள்ளது. சுவரில் சுண்ணாம்புக்கல் பயன்படுத்தப்பட்டுள்ளது. சுவரில் மேற்பகுதியில் செங்கல்தளம் பரவப் பட்டிருந்தது. மழை பெய்தால் தண்ணீர் வெளியே சென்றுவிடும் வகையில் அது அமைக்கப் பட்டிருந்தது. கோட்டைச் சுவரின் அடித் தளத்தில் இரண்டு முறை கற்கள் பதிக்கப்பட்டு அதன் மீது சுவர் எழுப்பப்பட்டிருந்ததும் அதன் உறுதித்தன்மைக்குச் சான்றாக விளங்குகிறது' (யூதரன்.கி.2006:38).

இவ்வளவு வலுவானதாய் அமைக்கப்பட்டிருந்தாலும் கடல் அரிப்பு அதிகரித்து வருவது, கோட்டைக்கு அச் சுறுத்தலாகவே உள்ளது.

டேனிஷ் நாணயங்கள் - தஞ்சை நாயக்கமன்னர்களான இரகுநாத நாயக்கர், விஜயராகவ நாயக்கர் ஆகியோரின் அனுமதி பெற்று தம் நாட்டு நாணயங்களை டேனிசியர் தரங்கம்பாடியில் அச்சிட்டனர். டென்மார்க் மன்னர்களான நான்காம் கிறிஸ்டியன், மூன்றாம் பிரடிரிக், அய்ந்தாம் கிறிஸ்டியன் ஆகியோரின் பெயர் பெரிக்கப்பட்ட காசுகளும் டேன்ஸ்பர்க் என்று கோட்டையின் பெயர் பெரிக்கப் பட்ட காசுகளும் இங்கு வெளியாயின. சில காசுகளில் டேன்ஸ்பர்க் கோட்டையின் வரைபடமும் இடம் பெற்றிருந்தது.

நாணயம் அச்சிடப்பட்ட ஆண்டும், இலை, பூ, யானை, சிங்கம், சிலுவை, பறவை, மீன், குதிரை, குதிரை வீரன், போன்ற உருவங்களும் சில நாணயங்களில் இடம் பெற்றுள்ளன (குடவாயில் பால சுப்பிரமணியன் 1999:299-300).

தஞ்சை நாயக்கர் மரபையடுத்து வந்த மராத்திய மரபினரும் தரங்கம்பாடி நாணயச்சாலை செயல்பட அனுமதி வழங்கினர்.

ESCOT Pagoda என்ற பெயரில் டேனிசியர்கள் நாணயங்களை வெளியிட்டனர். 1800-ஆம் ஆண்டு ஓலை ஆவணம் ஒன்றில் 'புதுயிசக்காட்டு விராகன்' என்று இந்நாணயம் குறிப்பிடப்பட்டுள்ளது. தரங்கம்பாடியைச் சுற்றியுள்ள பகுதிகளில் ஆ.கி.கம்பெனி ஆட்சி நிலை பெற்ற பின் அவர்கள் நாணயங்களும் தரங்கம்பாடிப் பகுதியில் புழங்கியுள்ளன. மக்கள் இந்நாணயங்களை 'சென்னப்பட்டணம் கும்பினி ரூபாய்', 'மதராசி ரூபாய்' என்றழைத்ததை தரங்கம்பாடி ஓலை ஆவணங்கள் வாயிலாக அறியமுடிகிறது (இராமச்சந்திரன்.சீ 2005:13).

டேனிசியரின் வணிகம் - தொடக்கத்தில் அரிசி, பாக்கு, துணி, வெடியுப்பு ஆகியனவற்றை ஏற்றுமதி செய்த டேனிசியர்கள், கப்பல்களை வாடகைக்கு விட்டு ஆதாயம் தேடலாயினர். அடிமை வாணிகத்திலும் கடற்கொள்ளையிலும் கூட ஈடுபட்டனர்.

நிர்வாகமுறை - டென்மார்க் மன்னரின் பிரதிநிதியாக ஆளுநர் ஒருவர் தரங்கம்பாடியில் நியமிக்கப்பட்டார். டேனிசியர்கள் தான் ஆளுநராக நியமிக்கப்பட்டனர். டேனிஷ்பர்க் கோட்டையில் இவர் தங்கியிருந்தார்.

டேனிசியர்களுக்கும் நம்மவர்களுக்கும் இடையே இணைப்பாளர்களாக மொழிபெயர்ப்பாளர்கள் இருந்தனர். துபாஷி என்ற பெயரில் இவர்கள் அழைக்கப்பட்டனர். 'த்விபாஷி' என்ற சொல்லுக்கு இரு மொழியறிந்தவர் என்று பொருள். இச்சொல்லே, துபாஷி எனப்பட்டது. இதுவே, 'துபாஷ்' துபாஷி என்ற பதவிப்பெயருக்கான மூலச்சொல்லாகும். டேனிஷ் மொழியறிந்த தமிழர்கள் துபாஷ் ஆகப் பணியாற்றியுள்ளனர். காலிங்கராய பிள்ளை என்பவர் துபாஷியாக 1620இல் பணியாற்றி யுள்ளார். இவரது வீட்டில், கப்பல் செய்வது குறித்துக் கூறும் கப்பல் சாஸ்திரம் என்ற ஓலைச் சுவடி இருந்துள்ளது. தினமாரக்கா துபாஷி என்று இச்சுவடி இவரைக் குறிப்பிடுகிறது. டென்மார்க் என்பதே தினமாரக்கா என்றாகியுள்ளது.

டேனிசியர்கள் தரங்கம்பாடியில் கருப்பர் நீதி மன்றம் (BLACK COURT) என்ற ஒன்றை 1781இல் நிறுவினர். இந்நீதி மன்றம் செவ்வாய்க் கிழமையும், சனிக்கிழமையும் காலை ஒன்பது மணி முதல் நண்பகல் பன்னிரண்டு மணி வரை செயல்பட்டது. இப்பகுதி மக்களின் பழக்கவழக்கம், மரபு ஆகியனவற்றின் அடிப்படையில் தீர்ப்பு வழங்கப்பட்டது.

தீர்ப்பு தமிழில் எழுதப்பட்டு, பின்னர் நீதிமன்றத்தில் உரக்க வாசிக்கப்பட்டது. இதன் பின்னரே டேனிஷ் மொழியில் மொழிபெயர்க்கப்பட்டது (மரியலாசர் 2010:74). (ஆனால் இன்று)?

ஆங்கிலஆட்சி - மராத்தியரிடம் இருந்து 1799ஆம் ஆண்டில் ஆ.கி. கம்பெனி தஞ்சைப் பகுதியின் ஆட்சியைக் கைப்பற்றியது. தரங்கம்பாடியையும் அதைச் சுற்றியுள்ள ஊர்களையும் நிர்வகிப்பதில் குறிப்பிடத்தக்க அளவிலான ஆதாயம் கிட்டாத நிலையில் 1845ஆம் ஆண்டில் இப்பகுதியின் மீதான தம் உரிமையை ஆங்கிலக் கிழக்கிந்தியக் கம்பெனியிடம் டேனிசியர் விற்றுவிட்டனர். இதன் பின்னர் இங்கு நிகழ்ந்த சமூக நிகழ்வுகள், உருவான ஆளுமைகள் குறித்துப் பேராசிரியர் மரியலாசர் (2010) தமது நூலில் பதிவு செய்துள்ளார். அவற்றுள் சாலை மற்றும் இரயில் போக்குவரத்தை மையமாகக் கொண்ட இரு செய்திகள் வருமாறு:

தரங்கம்பாடி அருகிலுள்ள பொறையரில் இயங்கி வரும் தவசிமுத்து நாடார் மேல்நிலைப்பள்ளியில் வீரப்பபிள்ளை (1906-1963) என்பவர் அலுவலக உதவியாளராகப் பணியாற்றி வந்தார். இவர் 1922ஆம் ஆண்டில் கார் ஒன்றை, பொறையார் ராஜாபகதூர் நாடாரிடமிருந்து விலைக்கு வாங்கி அதனை வாடகை வண்டியாக இயக்கினார். அதன் உரிமையாளரும் ஓட்டுநரும் அவரேதான். இதன் தொடர்ச்சியாகப் பொறையாறு மயிலாடுதுறை இடையே எட்டணா கட்டணத்தில் (அய்ம்பது காசு) பேருந்துப் போக்கு வரத்தைத் தொடங்கினார். இதன் வளர்ச்சி நிலையாக கிட்டத்தட்ட அய்ம்பத்திநான்கு வழித்தடங்களில் அவரது 'சக்தி

விலாஸ்' பேருந்துகள் இயங்கலாயின (மரியலாசர் 2010:12-15).

***

பொறையாறைச் சேர்ந்த இராவ்பகதூர் ரத்தினசாமி நாடார் (1865-1912) என்பவரது முயற்சியில் மயிலாடுதுறை, தரங்கம்பாடி இடையே 1926 இல் இரயில் போக்குவரத்து தொடங்கியது. இம்முயற்சியை மேற்கொண்ட இவர் 1912இலேயே இறந்து போனாலும் இப்பகுதி மக்கள் அவரை மறக்கவில்லை. இரயில் போக்குவரத்தின் தொடக்க நாளன்று அவரது படம் மாலையணிவிக்கப்பட்டு இரயில் எஞ்சினின் முகப்பில் இடம்பெற்றது. அவரது பணியை நினைவுகூரும் வகையில் நினைவுத் தூண் ஒன்றும் தரங்கம்பாடி பழைய பேருந்து நிலையத்தில் நிறுவப்பட்டது (மேலது:27).

தரங்கம்பாடிக்கும் மயிலாடுதுறைக்கும் இடை யிலான இரயில் பயணநேரம் ஒன்றரைமணி நேரமாக இருந்தது. இவ்விரண்டு ஊர்களுக்கும் இடையில், மாயவரம் டவுண் (மயிலாடுதுறை நகரம்) மன்னம் பந்தல், செம்பனார்கோவில், ஆக்கூர், திருக்கடையூர், தில்லை யாடி, பொறையாறு என ஏழு இரயில் நிலையங்கள் இருந்தன.

தொடக்கத்தில் பயணிகளுக்காக ஆறு முறையும் சரக்குகளுக்காக நான்கு முறையும் இரயில்கள் இயங்கின. தரங்கம்பாடியில் இருந்து உப்பு, அரிசி, கருவாடு, மீன், குடிசைத்தொழிலில் உற்பத்தியான பொருட்கள் மயிலாடுதுறைக்குச் சென்றன. மயிலாடுதுறையில் இருந்து, காய்கறிகள், மளிகைப் பொருட்கள், இருசக்கர நான்குசக்கர வாகனங்களுக்கும், விவசாயத்தில் பயன்படும் நீர் இறைக்கும் எந்திரங்களுக்கான உதிரிப்பாகங்கள் ஆகியன தரங்கம்பாடிக்கு வந்தன.

படிப்படியாக இரயில் போக்குவரத்து குறைந்து 1986 ஆம் ஆண்டில் முற்றிலும் நிறுத்தப்பட்டுவிட்டது. இது நிகழும் முன்னர், மயிலாடுதுறையில் இருந்து புறப்படும் இரயில் முற்பகல் பதினொன்று மணிக்குத் தரங்கம்பாடி வந்து சேர்ந்து

மாலை மூன்றரை மணியளவில் திரும்பிச் செல்லும். பொறையாறு இரயில் நிலையத்தைக் கடந்து சிறிது தூரம் சென்றவுடன் இரயில்நிலையம் இல்லாத ஒரு பகுதியில் நிற்கும். இரயில் ஓட்டுநர், கார்டு, பயணச்சீட்டுப் பரிசோதகர் ஆகியோர் இறங்கிச் சென்று இரயில் பாதையை அடுத்துள்ள முதலியார் சிற்றுண்டிச் சாலையில் தேநீர் பருகிவிட்டுச் செல்வர். இதன் பொருட்டுப் பத்து நிமிடங்கள் வரை இரயில் நிற்கும்! (மேலது 27-28).

சமுதாயம் குறித்த செய்திகள் - தரங்கம்பாடிப் பகுதியில் கிடைத்த பழைய ஓலைச் சுவடிகளைச் சேகரித்து, தொல்லியல் ஆய்வாளர், சி.இராமச்சந்திரன், 'தரங்கம்பாடி ஓலை ஆவணங்கள்' என்ற தலைப்பில் 2005ஆம் ஆண்டில் நூலாக வெளி யிட்டுள்ளார். இந்நூலில் 110 ஓலை ஆவணங்கள் இடம் பெற்றுள்ளன. 1845ஆம் ஆண்டுக்கு முன்னர் எழுதப் பட்ட ஓலைகள் டேனிசியர் ஆட்சிக் காலத்தையும் அதன் பின்னர் எழுதப்பட்டவை ஆங்கிலேயர் ஆட்சிக் காலத்தையும் சேர்ந்தவை. இவ்வோலைகளின் உள்ளடக்கம் குறித்து,

'இவை கடன்கொடுத்தல் வாங்குதல், பண்ணைக் கூலி ஒப்பந்தம், பொருட்களை விற்றல் வாங்குதல் போன்ற தனிப்பட்ட மனிதர்களுக்கிடையிலான பரிவர்த்தனைகள் தொடர்பான ஆவணங்களாகும். அரசியல் வரலாற்று முதன்மையேதும் இவற்றில் இல்லை. ஆயினும் கி.பி.19ஆம் நூற்றாண்டில் வழக்கிலிருந்த சமுதாய நடைமுறைகள், பத்திரப் பதிவு மொழிநடை, சொல் வழக்குகள் போன்ற வற்றை ஆய்வு செய்ய இவை பயன்படும்'.

என்று நூலின் முன்னுரையில் சி.இராமச்சந்திரன் (2005:5) குறிப்பிட்டுள்ளார். அவரது அவதானிப்பு முற்றிலும் சரியானது என்பதை இந்நூலைப் படிப்பவர் உணர்வர். இந்நூலில் இருந்து சில எடுத்துக்காட்டுகளை இனிக் காண்போம்.

எழுதப்படும் செய்தியின் அடிப்படையில் ஓலை ஆவணங்களுக்குப் பெயரிடப்பட்டுள்ளன. செங்கல் சூளைக்-

காரருக்கும் அதை வாங்குவோருக்கும் இடையே நிகழும் ஒப்பந்தம் 'செங்கல் ஒப்பந்தச் சீட்டு' எனப் பட்டது. இந்நூலில் இரண்டு செங்கல் ஒப்பந்தச் சீட்டுகள் இடம்பெற்றுள்ளன (பக்கம் 24, 28). தாம் வழங்கும் செங்கல், ஓரத்தில் கறுப்பு இல்லாமலும், விரிசல் இல்லாமலும் ஈரம் இல்லாமலும் இருக்குமென்று செங்கல் சூளைக்காரர் உறுதிமொழி அளித்துள்ளார்.

தம்மையும் தம் குடும்பத்தையும், நிலக்கிழாரிடம் ஒத்தியாக வைத்துக் கொண்டு பெறும் கடனுக்காக, எழுதிக் கொடுக்கும் சீட்டு ஆள் ஒத்திக் கடன் சீட்டு எனப்பட்டது. 1871ஆம் ஆண்டில் சின்ன சாம்பான் மகன் காத்தான் என்பவர், காட்டுச்சேரி திருமுடிச் செட்டியாரிடம் அய்ந்து ரூபாயும் தொண்ணூறு கலம் நெல்லும் பெற்றுக் கொண்டு ஆள் ஒத்திக் கடன் சீட்டு எழுதிக் கொடுத் துள்ளார். (மேலது 59).

சாத்தாங்குடியைச் சேர்ந்த அப்பாசாமி செட்டி யாருக்குப் பள்ளபாலன் என்பவர் 1858இல் ஆறு ரூபாய் பெற்றுக் கொண்டு, தானும் தன் மனைவியும் பண்ணை ஆள் ஆகப் பணிபுரிவதாக ஒப்புக் கொண்டு பண்ணை ஆள் ஒத்திச் சீட்டு எழுதிக் கொடுத்துள்ளார் (மேலது 63).

சாத்தங்குடி மாணிக்கம் என்பவர் தன் திருமணச் செலவிற்காகப் பதினைந்து ரூபாயும் இரண்டுகலன் நெல்லும் பெற்றுக் கொண்டு, நெல்லின் கிரையத் தொகை மூன்று ரூபாய் என்று நிர்ணயித்து, மொத்தம் பதினெட்டு ரூபாய்க்குத் தன்னையும் தன் மனைவியையும் ஒத்தியாக வைத்து, பண்ணை ஆள் ஒத்திச் சீட்டை எழுதிக் கொடுத்துள்ளார். இதில் பிணையாளியாக அவரது தகப்பனாரும் குறிப்பிடப்பட்டுள்ளார் (மேலது 70-71).

மேய்ச்சலுக்காகக் கால்நடைகளைப் பெற்றுக் கொள்வோர் 'உடன்படிக்கை' எழுதிக்கொடுத்தே அவற்றைப் பெற்றுள்ளனர் (மேலது 78) குத்தகையாக நிலத்தைப் பெறுவோர் குத்தகைச் சீட்டு எழுதிக் கொடுத்துள்ளனர் (மேலது 79).

துடராச்சீட்டு (தொடராச்சீட்டு) என்ற பெயரில் 1836ஆம் ஆண்டில் எழுதப்பட்ட சீட்டு ஒன்றும் இந் நூலில் இடம்பெற்றுள்ளது. காட்டுச்சேரி ராமனாதன் செட்டி என்பவர், திருக்காளாச்சேரி முட்டை முழுங்கி பேத்தியான ஈசுவர அம்முனி என்பவளை வைப்பாட்டி யாக வைத்திருந்தார். இருவருக்கும் இடையே பிணக்கு ஏற்பட்டுப் பிரியும்போது அப்பெண் எழுதிக் கொடுத்த சீட்டு வருமாறு:

....எழுதிக் கொடுத்த துடராச் சீட்டு என்ன வென்றால் நான் தம்மிடத்தில் சில நாள் வைப் பாட்டியாய் இருந்தபடியாலே, இப்ப எனக்கும் தமக்கும் ஒத்துக்கொள்ளாததாலே, என் மனறாசி யாகி சாட்சிகள் முன்னுக்கு நான் தீத்து ரொக்கம் வாங்கிக் கொண்டது கும்பினி ரூபாய் பதினைந்தும் சேலை விலைக்கு ரூ இரண்டும் ஆக ரூபாய் பதினேழு ரொக்கம் பத்திக் கொண்டு நான் விலகிப் போற படியினாலே, இனிமேல் தமக்கும், யெனக்கும் யாதொரு வியாச்சியமும் இல்லை யென்றுயிந்த துடராச் சீட்டில் சாட்சிகள் முன்னுக்கு என் மனராசியாக யென் கையப்பம் வைத்துக் கொடுத்தேன் (மேலது: 84).

***

தஞ்சை நாயக்கர் ஆட்சியில் நாயக்க மன்னரது உறவினர்களும் நெருக்கமானவர்களும் பாளையக்காரர் களாக நியமிக்கப்பட்டனர். இவர்களும் இவர்களது படை வீரர்களும் குடிகாரர்களாகவும் பெண்பித்தர் களாகவும் இருந்தனர். தரங்கம்பாடிப் பகுதியில் இவர்கள் மேற்கொண்ட இழி செயல்களை, ராமசாமி என்ற மெய்கண்டான் என்பவர் 1995ஆம் ஆண்டில் எழுதிய கட்டுரையில் குறிப்பிட்டுள்ளார். இக்கட்டுரையில் இடம் பெற்ற செய்தியை மரியலாசர் (2010:72-73) தம் நூலில் குறிப்பிட்டுள்ளார்.

இப்பகுதியில் பெண் குழந்தைகள் முதற் பூப் படைந்தவுடன், தம் வீரர்களை அனுப்பி வலுக்கட்டாய மாகத் தூக்கி வரும்படி பாளையக்காரர்கள் கட்டளை இடுவர். அவ்வாறு கவர்ந்து வரப்பட்ட சிறுமிகள் அவராலும் அவரைச் சார்ந்தவர்களாலும் பாலியல் வன்முறைக்கு ஆளாவர். பின்னர்

அச்சிறுமிகளைக் கொன்று விடுவர் அல்லது டச்சுநாட்டு வணிகர்களுக்கு அடிமை யாக விற்று விடுவர்.

இத்தகைய கொடுமையில் இருந்து தம் பெண் குழந்தை-களை விடுவித்துக்கொள்ள இயலாத நிலையில் கௌரவக் கொலையை மக்கள் மேற்கொண்டனர். தம் வீட்டில் சிறுமி-யருத்தி பூப்பெய்தியவுடன், தம் வீட்டிற்குள் குழி ஒன்றைத் தோண்டுவர். அக்குழிக்குள் எண்ணெய் விளக்கொன்றை வைத்து அதை ஏற்றி வைக்கும்படி அச்சிறுமியிடம் கூறுவர். அச்சிறுமி குழிக்குள் இறங்கி அவ்விளக்கை ஏற்றும்போது குழிக்குள் மண்ணைத் தள்ளி உயிருடன் புதைத்து விடுவர்.

பிறகு சேலையன்றில் பூக்களைக் கொட்டி பொட்டலமாகக் கட்டுவர். அச்சிறுமியைப் புதைத்த இடத்திற்கு மேல் அப்-பொட்டலத்தைக் கயிற்றில் கட்டித் தொங்கவிடுவர்.

இதனையடுத்து எண்ணெய் விளக்குகளை ஏற்றிக் கற்பூ-ரம் கொளுத்துவர். தாம்பாளம் ஒன்றில் பழங்கள், மலர்கள், தேங்காய், சந்தனம், குங்குமம், சாம்பிராணி ஆகியனவற்றை வைப்பர். அச்சிறுமியை உயிருடன் புதைத்த இடத்தில் அத்-தாம்பாளத்தை வைத்து தெய்வமாக அச்சிறுமியை வழிபடு-வர்.

இதன்பின் நாள்தோறும் மாலை நேரத்தில் அந்த இடத்-தில் விளக்கேற்றுவர். அச்சிறுமி இறந்த நாளை ஆரவாரத்-துடன் பக்தி உணர்வு மேலோங்க வழிபடுவர். அச்சிறுமியைக் குறித்துப் பாளையக்காரரின் படைவீரர்கள் விசாரித்தால், அம்மைநோயால் அச்சிறுமி இறந்து போனதாகக் கூறிவிடு-வர்.

இவ்வாறு பெற்றோரால் கௌரவக் கொலை செய்யப்பட்ட சிறுமிகளைப் பூவாடைக்காரி என்று பெயரிட்டு வணங்கி வந்தனர். 1620இல் டேனியர் களின் கட்டுப்பாட்டில் இப்ப-குதி வந்தபின் பூவாடைக் காரி உருவாவது நின்றுபோனது.

கிறித்தவத்தின் நுழைவாயில் - தரங்கம்பாடியின் வரலாற்-றில், கிறித்தவம் குறிப்பாக, சீர்திருத்தக் கிறித்தவம் சிறப்பான இடத்தைப் பெற்றுள்ளது. இங்கே அறிமுகமான சீர்திருத்தக் கிறித்தவம் பின்னர் தமிழ்நாட்டின் ஏனைய பகுதி களுக்குப்

பரவியது. இதனால் 'கிறித்தவத்தின் நுழை வாயில்' என்று தரங்கம்பாடியை அழைப்பர். இது தொடர்பான செய்திகளை இனிவரும் இதழ்களில் காண்போம்.

0

டேனீசியர்களின் வருகைக்கு முன்னரே, போர்ச்சுக்கீசிய வணிகர்களால் கத்தோலிக்கமும், டச் வணிகர்களால் சீர்தி-ருத்தக் கிறித்தவமும் தரங்கம்பாடியில் அறிமுக மாயிருந்தன. இவ்விரு சமயப்பிரிவினருக்கும் என, தனித்தனியே தேவா-லயங்கள் இருந்தன. என்றாலும் 'கிறித்தவத்தின் நுழைவா-யில்' (Gateway of Christianity) என்று தரங்கம்பாடி பெயர் பெற இவை காரணமாக அமையவில்லை. ஜெர்மன் லூத்திரன் மறைப் பணியாளர்கள் இங்குத் தங்கி மறைத்தளம் (மிஷன்) ஒன்றை உருவாக்கிச் செயல்படத் தொடங்கிய பின்னரே கிறித்தவசமயவரலாற்றில் தரங்கம்பாடி தனக்கென, சிறப்பான இடத்தைப் பெற்றது. இந்தியாவில் சீர்திருத்தக் கிறித்தவத்தின் முதல் மறைத்தளமாக 'தரங்கம்பாடி மறைத்-தளம்' (தரங்கம்பாடி மிஷன்) உருப்பெற்றது. இங்கிருந்தே தமிழ்நாட்டின் உள்நாட்டுப் பகுதிகளில் சீர்திருத்தக் கிறித்த-வம் பரவியது.

கிறித்தவப் பரப்பல் குறித்த சிந்தனை - தரங்கம்பாடியில் டேனிசியர் நிலைபெறக் காரணமாயிருந்த, நான்காம் பிரெ-டரிக் என்ற டென் மார்க் மன்னன், கிறித்தவத்தை இந்தி-யாவில் பரப்புவதில் ஆர்வம் கொண்டிருந்தான். தன் கட்-டுப்பாட்டிற்குள் இருந்த தரங்கம்பாடிக்கு, மறைப்பணியா-ளர்களை (மிஷனரிகளை) அனுப்ப விரும்பினான். தன் விருப்பத்தை, அரண்மனைக் குரு லூத்கன் என்பவரிடம் தெரிவித்த போது, அவர் இது தொடர்பாக முயற்சி மேற்-கொண்டார். டென்மார்க் நாட்டின் மறைப் பணியாளர்கள் கடல் கடந்து செல்வதில் ஆர்வம் காட்டவில்லை என்பதை அவர் அறிந்துகொண்டார்.

எனவே, அரண்மனைக் குருவான லூத்கன், டென்மார்க் கிறித்தவ சபையின் பேராயரான போர்ன்மான் என்பவரின் உதவியை நாடினார். அவரோ டேனீசிய நாட்டு மறைபோ-தகர்களை அயல்நாட்டிற்கு அனுப்புவது தொடர்பான தம் அச்சவுணர்வை, பின்வருமாறு வெளிப்படுத்தினார்:

டேனியக் குருமாணவர்கள் ஆடம்பரப்பிரியர் களாகவும் குடிகாரர்களாகவும், சோம்பேறிகளாகவும், கூடாவொழுக்கம் உடையவர்களாகவும் இருப்பதால் இப்பணிக்கு அவர்கள் தகுதியற்றவர்கள் (ஆர்னோ லெக்மான் 2006:3).

பின்னர் டென்மார்க் மன்னனின் விருப்பத்தைக் கூறி தன் செர்மானிய நண்பர்களின் உதவியை வேண்டினார். அவரது வேண்டுகோளுக்கு உற்சாகமான பதில் கிடைத்தது. கடவுள் பயமும் மறைபரப்பும் பணியில் ஆர்வமும் கொண்ட இருவர் இருப்பதாக அவர்கள் தெரிவித்தனர் (மேலது).

ஹாலேயில் இருந்து பயணம்: அவர்கள் குறிப்பிட்ட இரு-வரில் ஒருவர் ஹென்றிச் புலூட்சத் (Heinrich Pluetschau) மற்றொருவர் பார்த் வோமா சீகன்பல்க் (Bartholomacus ziegemlalg). இவ்விரு வரும் பிறப்-பால் ஜெர்மானியர்கள். ஜெர்மனியில் ஹாலே என்னும் நகரிலுள்ள பல்கலைக்கழகத்தில் பயின்றவர்கள்.

ஹாலேயில் இருந்து பயணித்து டென்மார்க்கின் கோபன்-ஹென் நகரை இருவரும் வந்தடைந்தனர். 1705 நவம்பர் 11 ஆம் நாள் இருவரையும் குருக்களாக திருநிலைப்படுத்தி (Ordained) கப்பல் ஒன்றில் தரங்கம் பாடிக்கு 1705 நவம்-பர் 30 ஆம் நாள் அனுப்பிவைத்தனர்.

தரங்கம்பாடியை வந்தடைதல்: 1706 ஜூலை ஒன்பதாம் நாளன்று, கப்பல் தரங்கம் பாடியை வந்தடைந்தது. தரங்கம்-பாடி ஊருக்கு நான்குமைல் தொலைவில் கப்பல்கள் நிற்பது வழக்கம். கரையோரம் கடல் ஆழமில்லாது இருப்பதுதான் இதற்குக் காரணம். துடுப்பின் துணையால் இயக்கப்படும் படகுகளில் ஏறியே கரையை வந்தடைய வேண்டும்:

மறைப்பணியாளர்கள் இருவரும் கப்பலில் இருந்து இறங்கி, படகு ஒன்றில் ஏறினர். விரைவாகத் துடுப்புப்

போடும்படி, டேனிஷ் வணிக நிறுவன அதிகாரிகள் படகோட்டிகளை சவுக்கால் அடித்தனர். இது குறித்து இருவரும் வினவியபோது. 'துடுப்புப்போடுபவர்கள் உள்ளூர்வாசிகள் தானே' என்ற அலட்சியமான பதில் கப்பலின் காப்டனிடமிருந்து வந்தது.

இருவரும் தரங்கம்பாடிக் கடற்கரையை வந்தடைந்த போது, இவர்களை வரவேற்று அழைத்துச் செல்ல எவரும் வரவில்லை. பாதுகாப்புத் தருவது தொடர்பான டென்மார்க் மன்னனின் ஆணையுடன் இருவரும் கடற்கரையில் நின்றனர். தரங்கம்பாடியில் இருந்த டேனிஷ் ஆளுநர், அவ்விருவரையும் அங்கிருந்த டேனிஷ் பள்ளியில் ஆசிரியர்களாகப் பணியாற்றும்படி வற்புறுத்தினான். ஆனால், தாம் சார்ந்துள்ள ஜெர்மன் லூத்தரன் மிஷன் கூறியனுப்பியபடி, கிறித்தவ சமயப் பரப்புதலை மேற்கொள்வதில் இருவரும் உறுதியாக நின்றனர்.

தரங்கம்பாடி வாழ் அய்ரோப்பியர்: தரங்கம்பாடிப் பகுதியில், பூர்வீகக் குடிகள் கிறித்தவர்களாக இல்லாத நிலையில் அங்கிருந்த கிறித்தவர்கள் என்போர் அய்ரோப்பியர்களாகவே யிருந்தனர். இவர்களைக் கண்டபோது இருவருக்கும் அதிர்ச்சியேற்பட்டது. பிறவியினால் மட்டுமே இவர்கள் கிறித்தவர்களாயிருந்தனர். கிறித்தவ விழுமியங்களைப் (values) பின்பற்றாதவர்களாகவே இவர்கள் விளங்கினர். 'புறச்சமயத்தினரை மதமாற்றம் செய்வதில் முக்கிய தடைக்கல்' என்று சீகன்பால்க் இவர்களைக் குறிப்பிட்டார்.

கிறித்தவராக மதம் மாறிய தமிழர் ஒருவர் இவர் களைக் குறித்துக் கூறியதை 'மலபார் கடிதப் போக்கு வரத்து எண் 34 பின்வருமாறு பதிவு செய்துள்ளது:

அவர்கள் பத்துக் கட்டளைகளின்படி வாழ் வதில்லை. மிகுதியாகக் குடித்து அறிவை இழப்பவர்கள். பொய் கூறுபவர்கள். முட்டாளைப் போல் உளறுபவர்கள். ஒருவரையருவர் வெறுத்துச் சண்டையிடுபவர்கள். கடவுளின் மீதும் ஆன்மாவின் மீதும் ஆணையிடுபவர்கள். பரத் தமையும் சூதாட்டமும் மேற்கொள்ளுபவர்கள். பசுவைக்கொன்று

அதன் இறைச்சியை உண் பவர்கள், வெள்ளைக்காரர்கள் மிகவும் மோச மானவர்கள். பயணிகளிடம் சிறிதும் இரக்கம் காட்டமாட்டார்கள். செல்வம் உடையவர்களாக இருந்தாலும் அறச் செயல்களுக்கோ, நற்பணி களுக்கோ செலவிடமாட்டார்கள். ஏழை சக மனிதர்களைக் குறித்து ஒருபோதும் கவலைப்பட மாட்டார்கள் (ஆர்னோ லெக்மான் 2006:42-43).

தமது கடிதம் ஒன்றில், “அய்ரோப்பியக் கிறித்தவர்கள், புறச்சமயத்தினரைக் கருப்பு நாய்போல் நடத்துகின்றனர். தம் செயல்பாடுகளால் அவர்களைப் புண்படுத்துகிறார்கள்” என்றும் அய்ரோப்பியர்களே ரட்சிக்கப்படும்போது, தாமும் ரட்சிக்கப்படுவோம் என்று இப்பகுதி மக்கள் நம்புவதாகவும் சீகன்பல்க் குறிப்பிட்டுள்ளார். அய்ரோப்பியரை அறிந்திராத ஒருவரைக் கிறித்தவராக மதமாற்றம் செய்வதே நல்லது என்று அதே கடிதத்தில் குறிப்பிட்டுள்ளார் (மேலது).

அய்ரோப்பியர் குறித்து இத்தகைய எதிர்மறையான கருத்துக்கள் நிலவிய சூழலிலேயே அய்ரோப்பியர்களான சீகன்பல்க்கும், றென்றிபுளுசட்த்தும் கிறித்தவசமயப் பரப்பலை மேற்கொள்ளவேண்டியிருந்தது. இதனால் அவர்களது தொடக்ககால முயற்சிகள் தரங்கம்பாடியில் வாழ்ந்த அடிமைகளை மையமாகக் கொண்டமைந்தன.

கிறித்தவரான அடிமைகள்: தரங்கம்பாடியில் வாழ்ந்து வந்த செர்மானியக் கிறித்தவர்களுக்கு, செர்மன் மொழியில் வழிபாடு நிகழ்த்துவது சீகன்பல்கின் தொடக்ககாலப் பணியாக இருந்தது. இப்பணியில் இருந்து தம்மை விடுவித்துக் கொண்டு, புதிய கிறித்தவர்களை உருவாக்குவதே அவரது இலட்சியமாக இருந்தது. ஆனால் இதை நிறைவேற்றுவதில் அவர் எதிர்கொண்ட முக்கிய இடர்ப்பாடாக சாதியிருந்தது.

கிறித்தவராகத் திருமுழுக்குப் பெற விரும்பியோர் தம் சாதியின் எதிர்ப்பை முதலில் எதிர்கொள்ள வேண்டி யிருந்தது. கிறித்தவராக மதம்மாறியவர்கள் எந்தச் சாதியினராய் இருந்தாலும், அவர்கள் பறையர் சாதி யினராகவே கருதப்-

படலாயினர். அவருக்கு நெருப்புக் கொடுக்கவும், பொதுக்கிணற்றில் இருந்து தண்ணீர் எடுக்கவும் தடை விதிக்கப்பட்டது. அவருக்கு யாரும் பெண் கொடுக்கமாட்டார்கள். கிறித்தவராக மாறிய கணவன் மனைவியரும், பெண்களும் சமூக விலக்கத்திற்கு ஆளானார்கள். கிறித்தவராக மாறியோர் தாம் பிறந்த வீட்டில் இருந்து விரட்டப்பட்டதுடன் இறந்து போனவர்களாகக் கருதப்பட்டனர். இக்காரணங்களால் கிறித்தவ சபையன்றை நிறுவமுடியவில்லை (மேலது:43). இத்தகைய சமூகச் சூழலில், அப்பகுதியில் நிலவிய அடிமைமுறை அவர்களுக்குக் கைகொடுத்தது.

கி.பி.1715 வாக்கில் கத்தோலிக்க சமயம் சார்ந்திருந்த அடிமைகள் சிலரை விலைக்கு வாங்கி, கிறித்தவ சபை ஒன்றை நிறுவினர். பணம் கொடுத்து விலைக்கு வாங்கி கிறித்தவர்களாக்கப்பட்ட இவர்களைப் போன்றோரை 'பணக்கிறித்தவர்' என்றழைத்தனர் (மேலது 43-44).

தரங்கம்பாடியில் வாழ்ந்து வந்த அய்ரோப்பியர்கள், அடிமை வணிகர்களிடம் இருந்து அடிமைகளை விலைக்கு வாங்கி வீட்டு வேலைகளுக்குப் பயன்படுத்தி வந்தனர். இவ்வடிமைகளில் இஸ்லாமியர்களும் இருந்தனர். இவர்கள் அனைவரும், அவர்களது கிறித்தவ எசமானர்களால், வலுக்கட்டாயமாகக் கிறித்தவர் களாக்கப்பட்டவர்கள். தேவாலயத்திற்குச் செல்ல அவர்களின் உரிமையாளர்கள் அவர்களை அனுமதிக்கா விட்டால், உபதேசியார்கள் அவர்களது இருப்பிடத்திற்குச் சென்று மறையுபதேசம் செய்தனர் (ஹெய்கிலிபோவ், 2013:151-152).

அடிமைகளை விலைக்கு வாங்குவதற்காக மறைத் தளத்திற்கு முன்பணம் வழங்கப்பட்டது. இப்பணம் அடிமைகளின் விடுதலைக்காக வழங்கப்படவில்லை என்று ஹெய்கிலிபோவ் (2013:151-152) எள்ளலாகக் குறிப்பிடுகிறார்.

பொருளாதார நெருக்கடிக்கு ஆளாகும் பெற்றோர்கள், தம் குழந்தைகளை அடிமைகளாக விற்றனர். இவ்வாறு விற்கப்படும் குழந்தைகளை விலைக்கு வாங்கி கிறித்தவராக்கும் செயலை, கிறித்தவ விழுமியங்களுக்குப் புறம்பான

நடவடிக்கையாக சீகன்பல்க் கருதவில்லை. 23 டிசம்பர் 1710 இல் அவர் எழுதிய கடிதம் ஒன்றில்,

இங்குள்ள நடைமுறைப்படி பெற்றோர்கள், ஏதோ ஒரு காரணத்திற்காக, தம் குழந்தைகளை அடிமை களாக விற்கிறார்கள். அக்குழந்தைகளைச் சிறிதளவு பணம் கொடுத்து வாங்கி, தேவாலயத்திற்கு உரிய தாக்குவதில் தவறில்லை. நம்பள்ளியில் இவ்வாறு விலைக்கு வாங்கப்பட்ட இரு குழந்தைகள் உள்ளனர். அவர்கள் நன்றாகவுள்ளனர். இவர்கள் வாயிலாக இவர்களது பெற்றோர்களின் நம்பிக் கையைப் பெற முடிந்தது.

என்று குறிப்பிட்டுள்ளார் (ஹெய்கிலிபோவ் 2013:152). கி.பி.1785 இல் எழுதப்பட்ட மராத்திமோடி ஆவணம் ஒன்றும் சிறுமியை விலைக்கு வாங்கி, திருமுழுக்கு செய்ததைக் குறிப்பிடுகிறது. திருமுல்லைவாசல் மாரியம்மன் கோவில் தெருவில் வசித்து வந்த செவதாயி என்பவள் தன் சகோதரியின் மகளை, தரங்கம்பாடி வெள்ளைக்காரன் உஸ்மானுக்கு ஆறு சக்கரம், ஒரு வராகனுக்கு விற்றுள்ளார். விலைக்கு வாங்கப்பட்ட அப்பெண்ணுக்குத் திருமுழுக்குச் செய்யப்பட்டது (வேங்கடராமையா 1984:326).

கிறித்தவராக மாற்றப்பட்ட பின்னரும் அடிமைகள் அடிமைகளாகவே இருந்தனர். தம் உரிமையாளர்களுக்கு மிகவும் உண்மையுடன் இவர்கள் பணிபுரிந்தார்கள் என்று ஹெய்கிலிபோவ் (2013:154) குறிப்பிடுகிறார்.

தரங்கம்பாடி மறைத்தளமும் சாதியும்: தொடக்கத்தில் பெரும்பாலும் பறையர் சமூகத் தினரே தரங்கம்பாடி மறைத்தளத்தில் கிறித்தவராயினர் (மேலது 142). டென்னிஸ் ஹட்சன் என்பவர் தரங்கம் பாடி சபைகளில் 90% பறையர் கிறித்தவர் இருந்தனர் என்று கருதுகிறார் (மேலது 216). இம்மக்கள் மீதான தரங்கம்பாடி மறைத்தளத்தின் அணுகுமுறையை ஹய்கிலிபோவ் (2013:143) பின்வருமாறு பதிவு செய்துள்ளார்.

கிறித்தவத்தைத் தழுவியவர்களில் மிகப் பெரும் பாலோர் தீண்டத்தகாதோர் பிரிவைச் சேர்ந்தவர்கள். பெரும்பாலான

கிறித்தவச் சபைகளிலும், பள்ளிகளிலும், கிறித்தவக் கிராமங்களிலும், தரங்கம்பாடி மறைத்தள வரலாறு முழுவதிலும் ஒரு தலித் கூட கிறித்தவ சபை ஊழியராகத் திருநிலைப்படுத்தப்படவில்லை. இந்தி யாவில் பணியாற்றி வந்த அய்ரோப்பிய மறைப் பணி யாளர்களுக்கும் அய்ரோப்பாவில் இருந்த மேலதிகாரி களுக்கும் இடையே இது தொடர்பான வெளிப்படை யான ஆழமான விவாதம் எதுவும் நடைபெறவில்லை.

சகபணியாளர்கள்: உள்ளூர் மக்களைக் கிறித்தவராக்கவும், கிறித்தவரான வரை, அதில் நிலைக்கச் செய்யவும், உள்ளூர் மக்களில் இருந்து சிலரைத் தேர்ந்தெடுத்து மறைத்தள ஊழியர் களாகப் பயிற்சி கொடுத்தனர். இவர்களைத் தவிர வேறு சில ஊழியர்களையும் நியமித்தனர். இவ்வாறு நியமிக்கப் பட்ட பணியாளர் பதவிகள் வருமாறு:

(1) உபதேசியார் (2) பள்ளி ஆசிரியர் (3) எழுத்தர் (4) உணவு பரிமாறுபவர் (5) கணக்கர் (6) பாதுகாவலர் (7) பிணக்குழி தோண்டுபவர் (8) சமையல்காரர் (9) சலவைத் தொழில் செய்பவர் (10) தண்ணீர் கொண்டு வருபவர்.

இவர்கள் அனைவரும் தரங்கம்பாடி மறைத் தளத்தில் பணியாற்றிய அய்ரோப்பியர்களின் சக ஊழியர்களாக விளங்கினர். இவர்களுக்கு ஊதியம் வழங்கப்பட்டது. சிலர் பகுதிநேர ஊழியர்களாக இருந்தனர். ஒரே பணியைச் செய்தாலும் அய்ரோப்பிய சக பணியாளர்களுக்கும் இந்திய சக பணியாளர்களுக்கும் இடையே ஊதியத்தில் வேறுபாடு இருந்ததை ஹெய் கிலிபோ (2013:193) சுட்டிக் காட்டுகிறார்.

உபதேசியார்: தரங்கம்பாடி மறைத்தளத்தின் சகபணியாளர்களில் உபதேசியார் என்போர் முதல்நிலைப் பணியாளர்களாக விளங்கினர். இவர்கள் எழுதப்படிக்கத் தெரிந்தவர் களாகவும் கிறித்தவ மறையறிவு உள்ளவர்களாகவும் இருந்தனர்.

முதல் தமிழ் உபதேசியார் 28 மே 1707 இல் நியமிக்கப்பட்டார். கிறித்தவர் அல்லாதாரிடம் கிறித்தவத்தைப் பற்றி

உரையாடுதல், கிறித்தவ சமய உண்மைகளைப் போதித்தல், புதிய கிறித்தவர்களைச் சந்தித்தல் என்பன இவரது கடமைகளாகும்.

1733 இல் உபதேசியாரின் கடமைகள் குறித்து விரிவாகக் குறிப்பிடப்பட்டுள்ளது. அதன்படி நாள் தோறும் தமிழ்க் கிறித்தவர்களின் வீடுகளுக்குச் சென்று அவர்களையும் அய்ரோப்பியர் வீடுகளுக்குச் சென்று அங்குப் பணிபுரியும் கிறித்தவ அடிமைகளையும் சந்திக்க வேண்டும்.

திருமணம் ஆகாத இளம் வயதினரின் ஒழுக்கம் குறித்துக் கவனம் மேற்கொள்ளவேண்டும். நோயாளி களைச் சந்திக்க வேண்டும். சவ அடக்கத்தைக் கிறித்தவ முறையில் செய்யவேண்டும். திருமணம் மற்றும் கிறித்தவத் திருநாள் கொண்டாட்டங்களின் போது புறச்சமயப் பழக்கவழக்கங்கள் நுழையாது பார்த்துக் கொள்ள வேண்டும்.

ஞாயிறன்று தேவாலயத்தில் நிகழும் வழிபாட்டை மேற்பார்வையிடுவதுடன், சில நேரங்களில் மறையுரை ஆற்றவும் வேண்டும். இவ்வாறு தாம் செய்த பணிகள் குறித்த விவரங்களை மறைத்தளத்திற்குத் தெரிவிக்க வேண்டும்.

தாம் பணிபுரியும் வட்டாரத்திற்கு ஏற்ப உபதேசி யார்கள் 'கிராம உபதேசி', 'நகர உபதேசி' என இரு பிரிவாக இருந்தனர். அத்துடன் அவர்களுக்கு வழங்கப் பட்ட அதிகாரங்களுக்கு ஏற்ப 'உபதேசியார்', 'இளநிலை உபதேசியார்' என்றழைக்கப்பட்டனர்.

உபதேசியாரும் ஆதிக்க வகுப்பினரும்: கிறித்தவ சமயத்தைப் பரப்புவதே உபதேசியாரின் முக்கிய கடமையாய் இருந்ததால், ஆதிக்க வகுப்பினரின் பகைக்காளாக அவர்கள் விரும்பவில்லை. எனவே ஆதிக்க வகுப்பினரின் பொருளியல் நலனுக்கு இடையூறு ஏற்படாது பார்த்துக்கொண்டனர்.

கிராமப்புற நிலப்பிரபுக்களின் வரிக் கொள்கையால் பாதிக்கப்படும் மக்கள் அதை எதிர்க்கும் வழிமுறைகளில் ஒன்றாக, ஊரைவிட்டு வெளியேறுவது அக்கால வழக்கமாகும். இவ்வாறு உழைக்கும் மக்கள் வெளியேறுவதால்,

வேளாண் உற்பத்தி மற்றும் கைத்தொழில் உற்பத்தி பாதிக்கப்படும். தம் எதிர்ப்பைக் காட்டும் வழிமுறையாக ஊரைவிட்டு வெளியேறிய கிறித்தவர்களை ஊருக்குத் திரும்பச் செய்வதும் அய்ரோப்பியர்களிடம் பணி புரிவோர் ஓடிச் செல்வதைத் தடுத்து நிறுத்துவதும் உபதேசியாரின் பணிகளில் இடம்பெற்றிருந்தன (மேலது 164).

குரு: சீர்திருத்தக் கிறித்தவசபையின் தேவாலயங்களின் பொறுப்பாளராகவும் வழிபாட்டை (ஆராதனை) நடத்துபவராகவும் விளங்கும் மறைப்பணியாளரைக்குரு அல்லது ஐயர் என்று தமிழில் குறிப்பிடுவர். கல்வி நிறுவனம், மருத்துவநிலையம், இராணுவப் பாசறை, சிறைச்சாலை போன்ற அமைப்புகளில் வாழும் ஒரு குறிப்பிட்ட மக்கள் குழுமத்தினர் மட்டும் பயன்படுத்தும் தேவாலயத்தில் பணிபுரிபவர் சாப்லின் என்றழைக்கப்படுவார்.

தரங்கம்பாடி மறைத்தளத்தில், தொடக்கத்தில் அய்ரோப்பியர்களே குருக்களாயிருந்தனர். பின்னர் தமிழர்களைக் குருக்களாக்கலாம் என்று முடிவுக்கு வந்தனர். உபதேசியார்களாகப் பணிபுரிந்து வந்தோரைத் தேர்ந்தெடுத்து தொடக்கத்தில் குருக்களாக்கினர்.

இவ்வகையில் தரங்கம்பாடியின் புதிய ஜேருசலம் தேவாலயத்தில் உதவி உபதேசியாராகப் பணிபுரிந்து பின்னர் உபதேசியாரான ஆரோன் (16989-1745) என்பவர் 28 டிசம்பர் 1733 இல் குருவாகத் திருநிலைப் படுத்தப்பட்டார். இந்தியாவின் முதல் சுதேச குரு இவர்தான். தரங்கம்பாடி மறைத்தளத்தின் தொடக்ககால வரலாற்றில் குரு நியமனத்தில் சாதி முக்கிய பங்கு வகித்துள்ளது.

பறையர் சமூகத்தைச் சேர்ந்த இராஜநாயக்கன் என்பவர் தஞ்சை மராத்திய மன்னரின் படையில் ‘சேர்வைக்காரன்’’ என்ற பதவி வகித்து வந்தார். மூன்று தலைமுறையாகக் கத்தோலிக்கராக வாழ்ந்த குடும்பத்தில் பிறந்த இவர் லூத்தரன் சபைக் கிறித்தவராக மாறியவர். 1729 இல் உபதேசியாராக நியமிக்கப்பட்டார்.

1740 இல் குருவாகப் பதவி உயர்வு இவருக்கு வழங்கவேண்டிய சூழலில் சாதியின் அடிப்படையில் அது மறுக்கப்பட்டு தியாகு என்பவருக்கு வழங்கப் பட்டது. என்றாலும் இராஜநாயக்கனின் திறமையைப் புறக்கணிக்க இயலாத நிலையில் 'மூத்த உபதேசியார்' என்ற பட்டத்தை வழங்கிச் சமாளித்தனர்.

கிறித்தவர் மீதான தண்டனைகள்: கிறித்தவர்களாக மாறிய மக்கள் பிரிவினரைத் தம் கட்டுப்பாட்டிற்குள் வைக்கும் வழிமுறையாகச் சில தண்டனைகள் வழங்குவதை மறைத்தள அதிகாரிகள் மேற்கொண்டனர்.

எச்சரிக்கை செய்தல், கடிந்துரைத்தல் என்பன எளிய தண்டனை முறைகளாயிருந்தன. கிறித்தவர்கள் முன்னிலையில் தாம் செய்த குற்றத்திற்கு வெளிப் படையாக மன்னிப்புக் கேட்டல், தேவாலயத்தில் முழங்காலிடுதல் என்பன சில தண்டனைகளாகும். இவை தவிர பிரம்படியும், சிறைத்தண்டனையும் வழங்கப் பட்டன. தரங்கம்பாடி மறைத்தளம் தனக்கென ஒரு சிறைச்சாலையைக் கொண்டிருந்தது.

சமயம் சார்ந்தும் சில தண்டனைகள் அமைந் திருந்தன. இதன்படி, தேவலாய வழிபாட்டின் போது நிகழும் திருவிருந்தில் பங்கு கொள்வதைத் தடுத்தல், தற்காலிகமாகச் சபையை விட்டு நீக்குதல் ஆகியன அமைந்தன. கடுமையான குற்றங்களுக்கு, சமய விலக்கம் செய்தனர். திருந்தாது இறந்துபோனவர்களுக்குக் கிறித்தவமுறையிலான சவ அடக்கம் மறுக்கப்பட்டது.

இடம் மாறுதல், பணியிடை நீக்கம், சம்பளப் பிடிப்பு, பணிவிலக்கம் ஆகியன மறைத்தளப் பணியாளர் களுக்குத் தண்டனைகளாயிருந்தன.

* * *

குடிகாரச் சாப்லின்கள் இருவருக்கு வழங்கப்பட்ட தண்டனை குறித்துப் பேராசிரியர் மரியலாசர் (2010:59-61) தம் நூலில் குறிப்பிட்டுள்ளது வருமாறு:

டென்மார்க்நாட்டின் உள்நாட்டுச் சிக்கல்களாலும், அண்டை நாடுகளுடன் ஏற்பட்ட பகையினாலும் கி.பி.1642

தொடங்கி 1669 முடிய உள்ள இருபத்தேழு ஆண்டுகளில் டென்மார்க்கில் இருந்து கப்பல் எதுவும் தரங்கம்பாடிக்கு வரவில்லை. இதனால் தரங்கம்பாடி வாழ் டேனிசியருக்கும் அவர்களது தாய்நாட்டிற்கும் இடையே தகவல் தொடர்பு நின்றுபோனது. தனிப்பட்ட முறையில் வாணிபம் செய்தும் கடற்கொள்ளை நடத்தியும் தரங்கம்பாடி டேனீசியர்கள் காலத்தை ஓட்டினர்.

டென்மார்க்கிலுள்ள தம் குடும்பத்துடன் தகவல் தொடர்பு இல்லாத நிலையில், நீல்ஸ் ஆண்டர்சன் உபைண்டர் என்ற குருவும், கிறிஸ்தியன் பீட்டர்சன் ஸ்டிராம் என்ற குருவும் உளவியல் நிலையில் பாதிப்புக் குள்ளாயினர். தரங்கம்பாடியின் வெப்பமும் தனிமை யுணர்வும் சலிப்புணர்வும், நண்பர்கள் உறவினர்களிடம் தொடர்பற்றுப்போன நிலையும் அவர்களை நிலை குலையச் செய்தன. தம் மன அழுத்தத்தைக் குறைக்கும் வழிமுறையாக இருவரும் குடிகாரர்களாக மாறினர். உள்ளூர்ச் சாராயத்தை இரவு பகல் பாராது குடிக்கத் தொடங்கினர். பட்டப்பகலில் சிறுஅளவிலான துணி அணிந்தும் அணியாமல் முழுநிர்வாணமாகவும் தெருக்களில் ஓடினர்.

பழவேற்காட்டில் இருந்த டச் படைத்தலைவன் இதை விசாரித்து உண்மையென்றறிந்து கிறிஸ்தியன் பீட்டர்சன் ஸ்டிராமுக்கு மரணதண்டனை விதித்தான். அதன்படி அவன் காலில் இரும்புக் குண்டுகளைக் கட்டி கோணிப்பையில் உயிருடன் போட்டு, கடற்கரையில் இருந்து ஒரு லீக் (ஏறத்தாழ மூன்றுமைல்) தொலைவில் அக்கோணிப்பையைக் கடலில் வீசினர்.

நீல் ஆண்டர்சனைக் கைது செய்து சிறையில் அடைத்து, விசாரணை செய்து மரண தண்டனை விதித்தனர். ஆனால் அவன் மீது குற்றம் சாட்டியவர்களும்கூட அவன்மீது இரக்கம் காட்டும்படி வேண்டினர். அதனால் மரணதண்டனை ஆயுள் தண்டனை ஆக்கப்பட்டு இலங்கைக்கு நாடு கடத்தப்பட்டான். தரங்கம்பாடியில் இருந்த அவன் மனைவிக்கு விதவைக்குரிய ஓய்வூதியம் வழங்கப்பட்டது. தரங்கம்பாடி

மிஷன் உருவாகும்முன்பு இவை நிகழ்ந்துள்ளன.

புதிய ஜெருசலம் தேவாலயம்: தரங்கம்பாடிக்கு சீகன்பல்க் வரும்முன்பே அங்கும், அருகிலுள்ள பொறையாறிலும் கிறித்தவத் தேவாலயங்கள் இருந்தன. செர்மானியர்களும் டேனியர்களும் போர்ச்சுக் கீசியர்களும் இதில் பெரும்பான்மையினராகச் சென்று வழிபட்டனர். எனவே, செர்மன் டேனிஷ், போர்ச்சுக்கீஸ் மொழிகளில் வழிபாடு நிகழ்ந்தது.

புதிய தமிழ்க் கிறித்தவர்கள் உருவான பின்னர் அவர்களுக்கென்று புதிய தேவாலயம் கட்ட சீகன்பல்க் விரும்பினார். இதன்படி ராஜவீதியில் சியோன் ஆலயத்திற்கு எதிரில் புதிய ஆலயம் அமைக்க முடிவு செய்யப்பட்டது.

9 பிப்ரவரி 1717-இல் ஆலயம் கட்ட அடிக்கல் நாட்டப்பட்டது. நாகப்பட்டினத்தில் செயல்பட்டு வந்த டச் நிர்வாகம் தேக்கு உத்திரங்களையும், மரப் பொருட்கள், கண்ணாடி, ஈயம், பிரப்பங்கழி ஆகிய வற்றையும் அன்பளிப்பாக வழங்கியது.

பதினாறு கொத்தனார்கள், எட்டு தச்சர்கள் ஆறு கொல்லர்கள், ஏறத்தாழ இருபது நாள், வேலைக்காரர்கள் நாற்பது அய்ம்பது பையன்கள் பணிபுரிந்தனர். கடற் கரையில் இருந்து நாள்தோறும் ஆறுபேர் கடற்சிப்பி களைச் சேகரித்து வந்தனர். இச்சிப்பிகளைக் கொண்டு சுண்ணாம்பு தயாரித்தனர். இதனால் அய்ம்பது விழுக்காடு செலவு குறைந்தது. செப்டம்பர் ஒன்பதில் கூரைவேயும் உயரத்திற்குக் கட்டி முடிக்கப்பட்டுவிட்டது. மழைக்காலம் தொடங்கியதால் கட்டடவேலை தற்காலிகமாக நிறுத்தப்பட்டது (ஆண்டடிரியாஸ் கிராஸ் 2006:252-253).

1718 சனவரியில் மீண்டும் கட்டடவேலை தொடங்கியது யாழ்ப்பாணத்தில் இருந்து பனைமர உத்திரங்களும் கட்டைகளும் மே மாதம் வந்து சேர்ந்தன. ஓடுவேய்ந்த கூரையுடன் புதிய ஜெருசலம் ஆலயம் கம்பீரமாகக் கட்டிமுடிக்கப்பட்டது. டென்மார்க் மன்னன் நான்காம் பிரடரிக்பெயரின் முதல் எழுத்து கூரையின் உச்சியில் நடப்பட்ட சிலுவையின் கீழே பொறிக்கப்பட்டது. 1718 அக்டோபர் பதினேழாம் நாள் திரு-

நிலைப்படுத்தப்பட்டது (மேலது)

சிலுவை வடிவில் கட்டப்பட்ட இத்தேவாலயம் 28X28 மீட்டர் நீளத்தையும் 9.5மீட்டர் அகலத்தையும் கொண்டது (மேலது 249). கடந்த வரலாற்றுச் சின்னமான இதன் பழமையை லூத்திரன் சபையினர் பாதுகாத்துவருகின்றனர். தரங்கம்பாடியில் போர்ச்சுக் கீசியரால் கட்டப்பட்ட பழமை-யான கோவா ஆலயத்தைக் கத்தோலிக்கர்கள் இடித்ததைப் போன்ற வரலாற்றுச் சின்ன அழிப்பை மேற்கொள்ளாதது பாராட்டுதற்குரியது.

0

Daniel Jeayaraj, 2006 Bartholomaus Ziegenbalg, The Father of Modern Protestant, Bartholomaus Ziegenbaig.s

Genealogy of the south Indian deities ,Translate by Daniel Jeyaraj - 2005

தரங்கம்பாடி மறைத்தளம் கிறித்தவ சமயப்பரப்பில் ஒரு பகுதியாகச் சில பொதுப்பணிகளை மேற்கொண்டது. இப்ப-ணிகள் தமிழ்மொழியின் வளர்ச்சிக்கு உதவிகரமாக அமைந்-ததுடன் தமிழரின் மருத்துவ அறிவை ஐரோப்பி யர்கள், குறிப்பாக ஜெர்மானியர்கள் அறியும்படி செய்தது.

இவ்வகையில் தரங்கம்பாடியில் பணியாற்றிய சீகன்பால்-குவும், அவரது சகபணியாளர்களும் மேற் கொண்ட பணிகள் பின்வருமாறு அமைந்தன:

1. பள்ளிக்கூடம் நிறுவுதல்
2. அச்சகமும் காகித ஆலையும் நிறுவுதல்
3. நூல்கள் எழுதுதல்
4. தமிழ் மருத்துவத்தை ஜெர்மானியர் அறியச் செய்தல்

பள்ளிக்கூடம் நிறுவுதல் - தரங்கம்பாடி மறைத்தளம் நிறு-வப்படும் முன் பிருந்தே தரங்கம்பாடிப் பகுதியில் திண்ணைப் பள்ளிக் கூடங்கள் செயல்பட்டிருந்த இப்பள்ளிக்கூடங்களில் அடிப்படை எழுத்தறிவும், கணித அறிவும் மாணவர் களுக்-

குக் கற்றுக்கொடுக்கப்பட்டன. மடங்களிலும் கோயில்களிலும் தமிழ் இலக்கிய இலக்கண நூல்களையும் நிகண்டுகளையும் சமய நூல்களையும் கற்பித்தனர். என்றாலும் அனைத்துத் தரப்பினரும், குறிப்பாக அடித்தள மக்கள் பிரிவினர் கல்வி கற்கும் வாய்ப்பைப் பெறவில்லை. கல்வி ஜனநாயகப்படுத்-தப்படவில்லை.

ஜெர்மன் லுத்தரன்மிஷன் பெரும்பாலும் அடித்தள மக்-கள் பிரிவினரையே, கிறித்துவர்களாக்கியது. இவர் களில் பெரும்பாலோருக்கு, கல்வி கற்கும் வாய்ப்பு மறுக்கப்பட்டது. விவிலிய வாசிப்பையும் அடிப்படையான சில கிறித்துவ நூல்களையும் அவர்களிடம் அறிமுகம் செய்ய வேண்டிய அவசியம் இருந்தது. இப்புதிய கிறித்தவர்களின் பிள்ளைக-ளாவது இவற்றை அறிந்திருக்க வேண்டுமென்று மறைத்தளப் பொறுப்பாளர்கள் விரும்பினர். விவிலிய வாசிப்பிற்குச் சீர்தி-ருத்த கிறித்தவம் முக்கியத்துவம் அளித்து வந்ததால் வாசிப்-பறிவு புதிய கிறித்தவர்களிடம் இடம்பெறுவது அவசியமான ஒன்றாயிற்று.

இத்தகைய தேவையினால் 28 டிசம்பர் 1707 இல் கிறித்தவர்களாக மதம்மாறியவர்களின் பிள்ளைகளுக்காகத் தமிழ்ப் பள்ளிக்கூடம் ஒன்றைத் தொடங்கினர். இங்கு பயி-லும் மாணவர்களுக்கு எழுதுபொருள்களும், உணவு, உடை, உறையுள் ஆகியனவும் இலவசமாக வழங்கப் பட்டன. கத்-தோலிக்கத்திலிருந்து சீர்திருத்தக் கிறித்து வத்திற்கு மதம்மா-றிய ஒருவர் இப்பள்ளியின் ஆசிரியராக நியமிக்கப்பட்டார். மறைப் பணியாளர் எழுதிய அல்லது மொழிபெயர்த்த பாட-நூல்களை மாணவர்கள் பயின்றனர். (டேனியல் ஜெயராஜ் 2006:169).

காலை 6 மணிக்குத் தொடங்கி 11 மணிவரை நடை பெறும் வகுப்புக்களில் கிறித்தவ மறைக்கல்வி கற்பிக்கப் படும். இடையில் காலை 8 மணிக்கு ‘பணியாரம்’ உண்-பார்கள். 11 மணியிலிருந்து 12 மணிமுதல் மதிய உணவு நேரம் ஆகும். 12 மணிமுதல் 1 மணிவரை ஓய்வு நேரம் ஆகும். 1 மணியிலிருந்து 3 மணிவரை பையன்கள் படிப்-

பார்கள். பெண்குழந்தைகள் ஓய்வெடுப்பர். 3 மணியிலிருந்து 4 மணிவரை பையன்களும், பெண் குழந்தைகளும் கணிதம் பயில்வார்கள். 4 மணியிலிருந்து 6 மணிவரை மறைக்கல்வி. 6 மணியிலிருந்து 7 மணி வரை மொட்டைமாடியில் உடற்பயிற்சி, வானியல் கற்றல், கற்ற பாடங்கள் தொடர்பான கலந்துரையாடல் ஆகியன நிகழும். 7 மணிமுதல் 8 மணிவரை இரவு உணவு. மாணவர்கள் உணவருந்திக் கொண்டிருக்கும் போது புதிய ஏற்பாட்டிலிருந்து ஓர் இயலை ஆசிரியர்கள் உரக்கப் படிப்பார்கள். 8 மணியிலிருந்து 9 மணிவரை ஓய்வும் வழிபாடும். 9 மணிக்கு உறங்கச் செல்வர் (மேலது).

ஓரே சாதியினர் உறவினர் நண்பர் என்றிருந்தாலும் கூட கிறித்தவராக மதம் மாறியவர்மீது கிறித்தவர் ஆகாதோர் பகைமையும் வெறுப்பும் பாராட்டினர். இதைத் தவிர்க்கும் முகமாக கிறித்தவர் அல்லாதவருக்கு என்று பள்ளி ஒன்றை குருண்ட்லர் என்ற மறைப் பணியாளர் 1715ஆம் ஆண்டில் தரங்கம்பாடியில் நிறுவினார். இப்பள்ளியில் பயின்றோருக்கு ஐரோப்பியக் கிழக்கிந்திய கம்பெனிகளிலும் பிறவணிகரிடத்தும் வேலை வாய்ப்புக்கிட்டும் என்பதுடன், கிறித்துவ மாணவர்க்கிடையிலும் ஊடாட்டம் நிகழ்ந்து காழ்ப் புணர்ச்சி மறையும் என்றும் குருண்ட்லர் நம்பினார். இப்பள்ளி குறித்த அறிவிப்புகளைத் தரங்கம்பாடியின் பொது இடங்களிலும் இடம்பெறச்செய்தார். (மேலது 176).

இப்பள்ளி தொடங்கி நான்கு மாதங்களில் கிறித்தவர் அல்லாத 70 மாணவர்கள் சேர்ந்தனர். பல்வேறு சாதிகளைச் சேர்ந்த, பல்வேறு சமூகப் பொருளாதாரப் பின்புலத்தைச் சேர்ந்த இம்மாணவர்களும் கிறித்துவ மாணவர்களும் ஒன்றாகத் தங்கி ஒன்றாகக் கல்வி பயின்றது என்பது தமிழக வரலாற்றில் புதிய தொடக்கமாக அமைந்தது.

இப்பள்ளியில் பயிலும் மாணவர்கள் தம்வீடுகளில் கிறித்தவப் பிரார்த்தனைகளைக் கூற ஆரம்பித்தபோது அவர்களது பெற்றோர்கள் அவர்களை வீட்டிற்கு அழைத்துச் சென்றுவிட்டனர். 1718 ஆம் ஆண்டில் இப்பள்ளி தரங்கம்பாடியில் இருந்து பொறையாருக்கு இடம்பெயர்ந்து சிலகாலம்

செயல்பட்டது (மேலது 176).

அச்சகம் - இந்தியாவிலே முதல்முறையாக அச்சாக்கம் கோவாவிலும், கேரளத்தில் உள்ள அம்பலக்காட்டிலும் நிகழ்ந்தது. ‘தம்பிரான் வணக்கம்’ என்ற தமிழ்நூல் 1578இல் அம்பலக்காட்டில் அச்சானது. இந்தியாவின் முதல் அச்சுநூல் என்ற பெருமையை இந்நூல் பெற்றது. இதன் தொடர்ச்சியாக 1579-இல் ‘கிறிசித்தியாணி வணக்கம்’ என்ற நூலும் 1586இல் ‘அடியார் வரலாறு’ என்ற நூலும் அச்சாயின. இவற்றைக் கத்தோலிக்க மறைப்பணியாளரான அண்ட்ரிக் அடிகளார் வெளி யிட்டார். இதன் பின்னர் தமிழ் அச்சாக்கம் குறித்த செய்திகள் நமக்குக் கிட்டவில்லை. நீண்ட இடை வெளிக்குப்பின் 1712இல் தான் தமிழ் அச்சாக்கம் முயற்சிகள் சீகன்பால்குவால் தரங்கம்பாடியில் தொடங்கப்பட்டன.

பன்மொழி அச்சகம் என்று கூறத்தக்க அளவில் தமிழ் அச்சுக்கள் மட்டுமின்றி போர்த்துகீஸ், ஜெர்மன், ஆங்கிலம் ஆகிய ஐரோப்பிய மொழிகளின் அச்சுக்கள் இங்கிருந்தன.

1712இல் ‘தரங்கம்பாடியில் இருக்கும் குருமார்கள் தமிழ்ச்சாதியார் எல்லோருக்கும் எழுதின நிருபம்’ என்ற தலைப்பில் சீகன்பால்கு எழுதிய கடிதம் இவ்வச்சகத்தின் முதல் வெளியீடாக அமைந்தது. சமயம் சார்ந்தநூல்கள் மட்டுமின்றிப் பாடநூல்களும் இங்கு அச்சாயின. 1712 தொடங்கி 1719இல் சீகன்பால்கு மறையும் வரை தரங்கம்பாடி அச்சகத்தில் அச்சிடப்பட்ட நூல்கள், அறிவிக்கை, குறுநூல்கள் ஆகியனவற்றின் பட்டியலை டேனியல் ஜெயராஜ் (2006:187,190) தொகுத்தளித் துள்ளார்.

காகித ஆலை - தரங்கம்பாடி அச்சகம் அதிக அளவில் நூல்களை அச்சிடத் தொடங்கியதால் காகிதத்தின் தேவை அதிகரித்தது. இதை நிறைவு செய்யும் வகையில் பொறையாறில் உள்ள ஜெருசலம் தோட்டத்தில் 13 சனவரி 1716இல் காகிதஆலை நிறுவ அடிக்கல் நாட்டப் பட்டது. 20 டிசம்பர் 1716இல் ஆலையில் உற்பத்தி தொடங்கியது. பொருள்வளம் படைத்தோர் இக்காகித ஆலையில் முதலீடு செய்தனர்.

காகிதம் தயாரிப்பதற்கான மூலப்பொருள் முறையாகக் கிட்டாமையாலும் போதிய அளவு நல்ல தண்ணீர் கிடைக்காததாலும் காகித ஆலையின் செயல்பாடு தடைப்பட்டது. 1722 நவம்பரில் காகித ஆலையின் எந்திரங்கள் விற்பனை செய்யப்பட்டன. அதன்மூலம் கிடைத்த பணம் முதலீட்டாளர்களுக்குக் கொடுக்கப்பட்டது. காகித ஆலை இருந்த இடத்தில் பள்ளிக்கூடம் ஒன்று செயல்படத் துவங்கியது.

நூல்கள் எழுதுதல் - சீகன்பால்கு தன் சமயப் பணியின் ஓர் அங்கமாக சிறுநூல்களையும் அறிவிக்கைகளையும் எழுதியுள்ளார். இவற்றுள் அவரது முக்கியமான எழுத்துப் பணியாக விவிலிய மொழிபெயர்ப்பு அமைகிறது. யேசுவின் நேரடிச் சீடர்களான மாற்கு, மத்தேயு, லூக்கா, யோவான் ஆகிய நால்வரும் எழுதிய நற்செய்தி ஏடுகள் நான்கும் 'அப்போஸ்தர் நடபடிகள்' என்னும் நூலும் இந்த மொழிபெயர்ப்பில் இடம்பெற்றிருந்தன. ஐந்து நூல்களின் தொகுப்பாக அமைந்தமையால் 'ஐந்துவேதப் பொத்தகம்' என்று தம்மொழிபெயர்ப்புக்குத் தலைப் பிட்டிருந்தார். பெரும்பாலும் தஞ்சை மாவட்டத்தின் பேச்சுமொழியிலே அது இருந்தது. ஜெர்மானிய மொழியில் தென்னிந்தியத் தெய்வங்கள் குறித்து .Genealogy of the South Indian Deities. என்ற நூலை அவர் எழுதி உள்ளார். இதனை ஆங்கிலத்தில் மொழி பெயர்த்து டேனியல் ஜெயராஜ் 2005இல் வெளி யிட்டுள்ளார்.

இந்நூலில் சைவ வைணவ தெய்வங்களைக் குறித்த புராணச்செய்திகளை எழுதியுள்ளார். அத்துடன் ஐயனார், எல்லம்மன், மாரியம்மன், அங்காளம்மன், பத்திரகாளி, சாமுண்டி ஆகிய தெய்வங்களைக் குறித்தும் குறிப் பிட்டுள்ளார். பேய்களில் 77 வகை இருந்ததை அவரது நூல் குறிப்பிடுகிறது. கலகப்பேய், காவல்பேய் தொடங்கி பரிகாசபேய், நிர்மூலப்பேய் என அவர்குறிப்பிடும் பேய்கள் குறித்த சொற்கள் தற்போது வழக்கில் உள்ளனவா என்று ஆராய இடம் உள்ளது. இதுபோல் பார்வதியைக் குறிக்கும் 57 பெயர்களையும் தொகுத்தளித்துள்ளார்.

தமிழ் மருத்துவம் - சீகன்பால்கு திறந்த மனதுடனேயே தரங்கம் பாடியில் செயல்பட்டுள்ளார். அவர் எழுதிய கடிதம் ஒன்றில் தமிழ் மருத்துவர்கள் குறித்துப் பின்வருமாறு குறிப்பிட்டுள்ளார்.

‘பிரபலமான மருத்துவர் இங்குக் காணப்படு கின்றனர். காய்ச்சல், வயிற்றுப்போக்கு, தலைவலி, கண்நோய்கள், நெஞ்சுவலி, முடக்குவாதம் போன்ற பல நோய்களுக்கு சிகிச்சை அளிக்கின்றனர்.

20 சூலை 1709இல் தரங்கம்பாடிவந்துசேர்ந்த குருண்ட்லர் என்ற குரு தமிழில் உள்ள மருத்துவ நூல்களைப் பயில ஆரம்பித்தார். பிராமணர் ஒருவரை நியமித்து தமிழ் மருத்துவம் குறித்த செய்திகளைத் தொகுத்தார். தரங்கம்பாடியில் இருந்த ஐரோப்பிய நாட்டு மறைப்பணியாளர்கள் நோய் குணமாக்கல் தொடர்பான உள்ளூர் மருத்துவ சிகிச்சை முறைகளையும் மருந்து தயாரித்தலையும் கேட்டறிந்து, அதை ஐரோப்பாவிற்கு எழுதி அனுப்பினார்கள். 1730இல் தமிழ் மருத்துவர் ஒருவர் கண்நோய்க்கு சிகிச்சை அளிப்பதைப் பார்த்தவுடன் அவர் பயன்படுத்திய களிம்பு தயாரிப்பு முறையையும் அவரிடத்தில் இருந்து விளக்கமாகத் தெரிந்துகொண்டார்.

மறைத்தளத்தின் முன்னாள் ஊழியரான சாமுவேல் என்பவர் நாகப்பாம்புக்கடி, வெறிநாய்க்கடி போன்ற வற்றிற்கு சிகிச்சை அளிக்கும் முறையை அறிந்திருந்தார். நச்சுக்கடிகளால் பாதிக்கப்பட்டோருக்கு மறைப் பணியாளர் பார்வையில் சிகிச்சை அளித்துக் குணப்படுத்தி இருந்தார். அவருடைய சிகிச்சை முறையால் அவர் புகழ் பெற்றிருந்தார். அவரது சிகிச்சை முறையை அவர் மிகவும் ரகசியமாக வைத்திருந்தார். சென்னை அரசாங்கம் 200 நட்சத்திர பக்கோடா பணம் கொடுத்து அவரது சிகிச்சை முறையை 1792இல் அறிந்து கொண்டது. தரங்கம்பாடியில் நிறுவப்பட்ட பள்ளியில் தமிழ் மருத்துவம் கற்றுக்கொடுக்கப்பட்டது. இது தொடர்பாக சீகன்பால்கு குறிப்பிட்டுள்ள செய்திகள் வருமாறு:

தமிழ்ப்பள்ளியின் மூத்தமாணவர்களுக்கு நாள் தோறும் ஒரு மணி நேரமாவது தமிழ் மருந்துவத்தைக் கற்றுக் கொடுக்கவேண்டும். ஒவ்வொரு திங்கள் கிழமையும் ஏதாவது ஒரு கிராமத்திற்கு மாணவர்களுடன் சென்று மூலிகைகளை அவர்கள் அடையாளம் காண உதவுவதுடன் மருந்து தயாரிக்கும் முறையையும் கற்றுக் கொடுக்க வேண்டும். அத்துடன் மூலிகை வகைகளின் மாதிரிகளைக் கொண்டுவந்து அவற்றைத் தனி அறையில் வைக்கவேண்டும். நீண்டதொலைவிலிருந்து கொண்டு வரப்பட்ட மூலிகைகளையும் அதே அறையில் சேகரித்து வைப்பதுடன் மாணவர்கள் அவற்றை அறிந்துகொள்ளும் படி உற்சாகப்படுத்த வேண்டும். இறுதியாகக் கிடைக்கக் கூடிய அனைத்துத்தமிழ் மருத்துவச்சுவடிகளையும் சேகரித்து அவற்றைப் படி எடுக்க வேண்டும். (டேனியல் ஜெயராஜ் 2006; 83,84).

இவ்வாறு அறிந்து கொண்ட தமிழ் மருத்துவ அறிவை குருண்ட்லர் "மலபார் மருத்துவர்" என்ற பெயரில் தொகுத்துள்ளார். ஜெர்மன் மொழியில் எழுதப் பட்ட இந்நூலின் கையெழுத்துப்படி 1711இல் ஜெர் மனியில் உள்ள ஹாலே என்னும் இடத்திற்கு அனுப்பப் பட்டது. ஆனால் அது நூல் வடிவம் பெறவில்லை.

2. மருத்துவத் துறையில் போலிப் பல்கலைக்கழகங்கள் !

இந்தியாவின் கல்விச்சந்தை இப்போது விரிவுபடுத்தப்பட்டு வருகிறது. உள்நாட்டுக் கல்வி நிறுவனங்களில் எவை அங்கீகாரம் உள்ளவை , எவை போலியானவை என்ற தெளிவு அரசுக்கு ஏற்படும் முன் வெளிநாட்டுப் பல்கலைக்கழகங்களின் இந்திய வருகை அதிகரித்துள்ளது. இந்திய அரசின் வியாபார அனுமதிக்காக பல வெளிநாட்டுப் பல்கலைக்கழகங்கள் காத்துக்கொண்டிருக்கிற போது சில வெளிநாட்டு பல்கலைக்கழகங்கள் சத்தமின்றி எவ்வித அனுமதியும் இல்-

லாமல் பல ஆண்டுகளாக தங்கள் வியாபாரத்தை இந்தியாவில் நடத்திக்கொண்டிருக்கின்றன. . . அதுவும் மருத்துவத்துறையில்!

இந்தியாவின் மருத்துவக்கல்வியில் ஆங்கில மருத்துவம், ஹோமியோபதி, சித்தா, ஆயுர்வேதம், யூனானி, இயற்கை மருத்துவம். . போன்ற பிரிவுகளில்தான் பட்டப்படிப்பிற்கான அனுமதியும் அங்கீகாரமும் வழங்கப்பட்டிருக்கின்றன. அக்குபங்சர் மருத்துவத்தில் சான்றிதழ் படிப்பு மட்டுமே அனுமதிக்கப்பட்டுள்ளது. மாற்று மருத்துவம் என்பது புரிந்துகொள்வதற்கான வார்த்தை தானேயன்றி அது ஒரு மருத்துவப்பிரிவு அல்ல. வெளிநாட்டுப் பல்கலைக்கழகங்கள் பல இந்தியாவில் அனுமதியின்றி பல பிரிவுகளில் முதுகலைப்பட்டங்களை வழங்கிவருகிறது. அக்குபங்சர், மாற்றுமருத்துவம், மூலிகை மருத்துவம், பாரம்பரிய மருத்துவம்..என்ற பெயர்களில் முதுகலை மருத்துவப்பட்டங்களை (M.D/Ph.D) இப்பல்கலைக்கழகங்கள் பல ஆண்டுகளாக இந்தியாவில் விற்று வருகின்றன.

மாற்று மருத்துவங்களில் ஆர்வமுள்ள பலரும், ஆங்கில மருத்துவர்கள் சிலரும் கூட இப்பல்கலைக்கழகங்களில் பட்டங்களை விலைக்கு வாங்குவது நடைமுறையிலுள்ளது. வெளிநாட்டு பல்கலைக்கழகங்களின் பெயர்களில் தரப்படும் முதுகலைப்பட்டங்கள் இந்திய அரசின் கவனத்திற்கு வரவே இல்லை. இதில் இன்னும் மோசமான விஷயம் இப்பட்டங்களை வழங்கும் வெளிநாட்டுப் பல்கலைக்கழகங்கள் போலியானவை என்பதுதான்.

1980 களிலிருந்து மாற்று மருத்துவங்களில் போலியான பட்டங்கள் உலாவத்துவங்கிவிட்டன. அக்குபங்சர், மாற்றுமருத்துவம், மூலிகை மருத்துவம், பாரம்பரிய மருத்துவம் என்று எதையாவது குறிப்பிட்டு M.D ./ Ph.D போன்ற உயர் பட்டங்கள் விற்கப்படுவது நம் நாட்டு பல்கலை மானியக் குழுவிற்கும் (UGC) தெரியாது, வெளிநாட்டு விவகாரத்துறைக்கும் தெரியாது.

அப்படி ஒரு போலி பல்கலைக்கழகம் an

class="contentpane">— இலங்கையிலுள்ள சர்வதேச திறந்தவெளி பல்கலைக்கழகம்! (The Open International University for Comlementary Medicines,Colombo). இப்பல்கலைக்கழகம் இந்தியாவில் ஆயிரக்கணக்கான பட்டங்களை வாரி வழங்கியுள்ளது. இலங்கை பல்கலைக்கழக மானியக்குழுவின் (UGC) அங்கீகாரமும், இந்திய பல்கலை மானியக் குழுவின் (UGC) அங்கீகாரமும் இல்லாமல் பல ஆண்டுகளாக இந்நிறுவனம் கோடிக்கணக்கான ரூபாய்களை சுருட்டியுள்ளது.

இலங்கை சர்வதேச திறந்தவெளி பல்கலைக்கழகம் இயங்குவது ஒரு வீட்டின் கார் ஷெட்டிலுள்ள எட்டுக்கு எட்டு அறையில்தான்! பல நாடுகளில் கிளைகளுள்ள இப்பல்கலைக்கழகம் ஒரு அறக்கட்டளையாக இலங்கையில் பதிவுசெய்யப்பட்டுள்ளது. இலங்கையில் பல்கலைக்கழகம் என்ற சொல் சாதாரணப்புழக்கத்தில் கல்வி நிறுவனத்தை குறிப்பதாகும். இந்தியாவைப்போல பட்டங்களை வழங்க அதிகாரமுள்ள அமைப்பு அல்ல.

இப்பல்கலைக்கழகம் வழங்கும் சான்றிதழ்களில் பட்டங்கள் வழங்கப்பட்ட இடமாக கொழும்பு குறிப்பிடப்பட்டிருக்கும். ஆனால் பட்டங்களை வைத்திருப்பவர்கள் யாரும் இலங்கை சென்றிருக்கவோ பாஸ்போர்ட் வைத்திருக்கவோ கூட மாட்டார்கள். இப்பட்டங்களில் பதிவாளர் கையெழுத்து இருக்கவேண்டிய இடத்தில் தினசரி ஒரு நபர் கையெழுத்து இடுவார். இந்த பல்கலைக்கழகம் இது வரை யார்,யாருக்கு சான்றிதழ்களை வழங்கியுள்ளது என்ற பட்டியல் இதுவரை யாரிடத்திலும் இல்லை.

இப்போது இலங்கை சர்வதேச திறந்தவெளி பல்கலைக்கழகம் பட்டங்கள் வழங்குவதை குறைத்துக்கொண்டு V.I.P. களுக்கு கௌரவ டாக்டர் பட்டங்களை அதிகளவில் வழங்கிவருகிறது. இந்தியாவில் அதுவும் தமிழகத்தில் தான் இப்பல்கலைக்கழகத்தின் வியாபாரம் கொடிகட்டி பறக்கிறது. தமிழகத்தில் சென்ற வாரத்தில் கூட ஒரு V.I.P க்கு டாக்டர்

பட்டத்தையும், ஒரு V.I.P க்கு "ஸ்டார் ஆப் ஆசியா" என்ற பட்டத்தையும் இப்பல்கலைக்கழகம் வழங்கியுள்ளது. இது போன்ற போலி பல்கலைக்கழகங்கள் பட்டங்கள் வழங்குவதோடு நிற்பதில்லை. மருந்துக்கம்பெனிகளுக்கு பாராட்டுச்சான்றிதழ்களையும் வழங்குகின்றன.

இந்தியாவின் பட்டங்கள் விற்பனையில் இலங்கைப் பல்கலைக்கழகம் போன்ற பல்வேறு பல்கலைக்கழகங்கள் களத்தில் உள்ளன. இத்தாலி நியூ ஏஜ் பல்கலைக்கழகம், அமெரிக்கா வெஸ்ட் கோஸ்ட் பல்கலைக்கழகம், ஹார்வுட் பல்கலைக்கழகம், கெல்லர் சர்வதேசப் பல்கலைக்கழகம், செபோர்கா பல்கலைக்கழகம் ..போன்ற பல பெயர்களில் போலியான பட்டங்களை விற்றுவருகின்றன.

மாற்றுக்கல்வி, சமச்சீர் கல்வி .. போன்ற கல்விகுறித்த சிந்தனைகள் வலுப்பெற்றுள்ள இக்காலத்தில் போலிப் பல்கலைக்கழகங்கள் பற்றிய விழிப்புணர்வை மக்களுக்கு ஏற்படுத்த வேண்டிய பொறுப்பு அரசுக்கு அவசியம் தேவை.

3. ராடல் குறித்த சங்ககாலக் குறிப்புகள்

நீராடல் - உடல் தூய்மைக்கு உதவும் இன்றியமையாத நற்பழக்கம் 'நீராடல்'. 'கூழானாலும் குளித்துக் குடி' எனும் மூதுரை நீராடலின் இன்றியமையாமையை வலியுறுத்தும். அதிலும் ஆறு, கடல் அருவிகளில் நீராடல் என்பது இயற்கையோடு ஒன்றிய நீராடல் எனலாம். மேனாடுகளில் வெப்பக் குளியல் (Sun Bath). ஆவிக்குளியல் (Steam Bath), மூலிகைக் குளியல் (Herbal Bath) என்று பல்வேறு வகைக் குளியல்கள் நலவாழ்வு நோக்கில் உருவானவை. எண்ணெய் நீராடல், அருவி நீராடல், கடல் நீராடல் ஆகியவை இரத்த ஓட்டத்திற்குப் பெரிதும் உதவுகின்றன என்னும் உண்மையை அறிவியலார் இன்று உணர்ந்து வருகின்றனர். இந்த நற்பழக்கம் பழந்தமிழர் வாழ்வில் இயல்-

பாகவே இணைந்திருப்பதைப் பின்வரும் சங்க இலக்கியச் சான்றுகள் புலப்படுத்தும்.

நதி நீராடல் - வைகை நதியில் புதுப்புனல் ஆடிய மகளிர் கூந்தலுக்கு அகில் புகையூட்டி ஈரம் புலர்த்தினர். பல்வகைப் பொருட்களைக் கொண்டு நீராடிய மகளிர் உடலில் வீசிய மணம் நாற்காத தூரம் வீசியதாம் 'எருமண்' கொண்டு கூந்தலின் அழுக்கைப் போக்கினர். நதி நீராடல் பற்றிய பல்வகைக் குறிப்புகளைப் பரிபாடல் அழகுற விளக்குகின்றது.

எண்ணெய் நீராடல் - எண்ணெய் நீராடல் சங்க காலம் முதலே நிலவி வருவதை நற்றிணைச் செய்தி உறுதிப்படுத்தும். மகப்பேறுற்ற மகளிர் வெண்கடுகை அப்பி எண்ணெய் தேய்த்து நீராடுவர் என்பதை நற்றிணை குறிப்பிடுகின்றது. அக்கால மகளிர் நிறைய எண்ணெயினைத் தலையில் பெய்து, குளிர்ந்த மணமுள்ள சந்தனத்தைப் பூசி முழுகுவர். பின் ஈரம் புலர, வயிரம் பாய்ந்த அகிலின் புகையை ஊட்டி, விரலால் குழலை அளைந்து சிக்கு விடுவித்தனர். வேறு சில மகளிர் எண்ணெய் முழுக்கின்போது அரப்புப் பொடியிட்டுத் தேய்த்துக் குளிப்பர். பல்வேறு மணப்பொருட்களை நீராடும்போது பயன்படுத்தினர். இதுவே பிற்காலத்து 'வாசனைத் தைலங்கள்' சேர்ந்த 'தைல முழுக்கிற்குத்' தூண்டுதலாக அமைந்தது.

கடல் நீராடல் - கடல் நீராடல் என்பது ஒரு விளையாட்டாகவே அக்காலத்தில் நிலவியது. கடல் நீராடும் பரதவ மகளிர் பனை நுங்கின் நீரையும், கருப்பஞ்சாற்றையும் கலந்து பருகிக் கடலில் பாய்ந்து நீராடுவாராம். விளையாட்டுக் காலங்களில் உடல் சோர்வடையாமல் இருக்க இக்காலத்தும் விளையாட்டு வீரர்கள் தேன் குளுகோஸ் அருந்துவதைக் காணலாம். இப்பழக்கத்தினை நினைவூட்டுவது போல் அக்காலப் பரதவ மகளிர் கடல் நீராடல் நிகழ்ச்சி அமைந்துள்ளது.

காதல் நோய் தீர கான்யாறு நீராடல் - மரம் செடி கொடிகள் நிரம்பிய காட்டின்கண் மழை பெய்தமையால்

பெருகிவரும் கான்யாற்று நீரில் குளித்தால் அது பல்வேறு மருந்துச் செடிகளின் சேர்க்கை உடையதாதலால் அது பிணி போக்கும் தன்மை உடையது என்பதை அக்கால மக்கள் நம்பினர். தலைமகன் ஒருவன் தலைவியைப் பிரிந்து செல்ல அதன் காரணமாகத் தலைவி வாடி நடுக்கமுற்றிருந்தாள். இதனைக் கண்ட நற்றாய் தோழியிடம் "ஆகாயத்தில் மிக உயர்ந்த பெரிய மலைப் பக்கத்தில் மிக்க இடியோசையுடைய மேகம் பெய்யத் தொடங்கி நள்ளிரவில் மிக்க மழை பொழிந்ததினாலே கற்கள் நிரம்பிய காட்டின்கண் ஓடும்யாற்றிலே மரங்கள் காய்ந்த சருகுகளோடு கழித்தனவாகிய முகிழ்ந்த பூங்கொத்துக்களையும் அடித்துக் கொண்டு வருகின்ற புதிய இனிய நீரானது இவளுக்குற்ற நோயைத் தீர்க்கும் அருமருந்தாகும். அதனைக் குளிர்ச்சி பெறப் பருகி அங்குள்ள காட்சிகளைக் கண்ணால் நோக்கி ஆடப்பெற்றால் இவள் மெய்யின் நடுக்கம் தீரும்" என்கிறாள்.

இதிலிருந்து பலவகை நோய்க்குக் குறிப்பாக, 'மெய்யின் நடுக்கம்' போன்றவற்றுக்குக் 'கான்யாற்று நீராடல்', அக்காலத்து அருமருந்தாக அமைந்திருந்ததை அறியலாம். இன்றும் நரம்புத் தொடர்பான நோய்களுக்குக் குற்றாலம் போன்ற கான்யாற்று அருவிகளில் குளிக்கும் பழக்கம் அருமருந்தாகக் கருதப்படுவது ஈண்டு ஒப்பு குறிப்பிடும் "நீராடும் மருத்துவ நெறி"க்கு ஏற்ப அமையும் சங்க காலக் 'கான்யாற்று நீராடல்' பழக்கம் அரிய மருத்துவப் பயனுடையது.

கூந்தலின் மணப் பொருட்களைப் பூசுதல் - பழந்தமிழ் மகளிர் கூந்தலைப் போற்றிய திறம் பெரிதும் வியப்புக்குரியதாகும். 'கூந்தலுக்கு இயற்கை மணம் உண்டா? என்பது பற்றிய அரிய விவாதம் இலக்கியத்தில் உண்டு. மகளிர் கூந்தல் மணம் செயற்கையே என்பது சங்கப் பாடல்கள் தரும் கருத்தாகும். சங்க இலக்கியப் பாடல்கள் பல கூந்தல் பாதுகாப்புப் பற்றிய பல குறிப்புகளைத் தருகின்றன. இடைப்பெண்டிர், பாலையும் வெண்ணையையும் தலையில் தடவிக் கொண்டனர். அகிலின் நெய்யைக் கலந்து பல காலம் தலைக்குத்

தேய்த்து வந்தால் முடி கருமை நிறம் கொண்டதாக விளங்கும். எண்ணெய் தடவி வருவதால் நீண்ட முடி, சுருள் முடியாக மாறும். விறலியரின் கூந்தல் பாதிரி மணம் கமழும். மகளிர் மங்கள நீராடிய பின் புகையூட்டி உலர்த்தி, மயிர்ச் சந்தனம் பூசி மணம் கமழும் கூந்தலுடன் விளங்கிய காட்சியை அகநானூறு விளக்கும்.

கூந்தலுக்கென மதுரை நகர மகளிர் பயன்படுத்திய மணப்பொருட்களைப் பரிபாடல் குறிப்பிடுகின்றது. வையை நதியில் நீராடிய மகளிர் குங்குமச் சேறு, அகிற் சாந்து, பச்சைக் கற்பூரம் ஆகியவற்றைச் சாத்தம்மியிலிட்டுத் தீ நிறம் பெற அரைத்துக் கூந்தலுக்குப் பூசி நீராடினர். நீல நிறக் கூந்தலில் பத்து வகையான துவர்களைத் தேய்த்து நீராடினர். நீராடிய பின் வெட்டி வேராலும், விலாமிச்சை வேராலும் தொடுத்த பன்மலர் இலையை அணிவர். 'நாறிருங் கூந்தல்', அம்மென் கூந்தல்', 'அறல் போற கூந்தல்' எனப் பலவகையாகக் கூந்தலைப் போற்றும் புலவர்களின் உட்கருத்து, அக்கால மகளிர் கூந்தலைப் பாதுகாத்த முறைகளை எதிரொலிப்பதாகும்.

விளையாட்டுகள் - கட்டுடல், திண்தோள் போன்ற உடல் அழகைக் குறிக்கும் சொற்கள் சத்துணவால் மட்டும் அமைவதில்லை. உடம்பின் சதை, எலும்பு போன்றவற்றை ஒழுங்குபடுத்தி அழகூட்டும் விளையாட்டுகளாலும் அமைகின்றன. விளையாட்டுகள் என்பவை பொழுது போக்கிற்காக மட்டுமல்ல; உடல் பயிற்சிக்காகவும். ஏற்படுத்தப்பட்டவை ஆகும். பழந்தமிழர் வாழ்வில் விளையாட்டு என்பது அன்றாட வாழ்வோடு பிணைந்து விட்ட பழக்கமாக விளங்கி வந்துள்ளது. மகளிரும், ஆடவரும் அவரவர் உடல் அமைப்புக்கேற்றவாறு விளையாட்டுக்களை மேற்கொண்டு பொழுதை இனிமையாகக் கழித்ததுடன் உடம்பையும் ஒழுங்கு முறையாக வளர்த்துக் கொண்டனர்.

மகளிர் விளையாட்டு - 'ஓர் ஆயம்' எனப்படும் விளையாட்டைச் சிறுமியர் ஆடினர். பூந்தாதுக்களைக் கொண்டு பாளை செய்து ஆடுதலே 'ஓர் ஆயம்' எனப்பட்டது. நெய்-

தல் நில மகளிர் உப்பங்கழிக்கு அருகில் மலர்களைப் பறித்து விளையாடினர். கடல் அலையின்கண் நீராடி மகிழ்ந்தனர். பனை நாரினாலே திரித்த கயிற்றை மரக்கிளையில் பிணித்துத் தொங்கிவிட்டு ஊஞ்சலில் ஆடினர். கைப்பந்தும் கால்பந்தும் ஆடினர். வரிப்பந்து ஆடினர். நூலால் வரிந்து பனையப்பட்ட பந்தை எறிந்தும் அடித்தும் விளையாடினர். குறிஞ்சி நில மகளிர் சுனையில் நீராடினர். மலை அருவிகளில் விளையாடினர்.

ஆடவர் விளையாட்டு - பாலை நிலச் சிறுவர் நெல்லிக்காய்களை வட்டாகக் கொண்டு பாண்டில் ஆடினர். தேர் உருட்டி விளையாடினர். செல்வச் சிறுவர் பெரிய மணிகள் பதித்த சிறிய தேரில் இருக்க, சேடியர் அத்தேரை இழுத்துச் சென்றனர். ஏழைச் சிறுவர் பனங்குரும்பையை கொடியாற்கட்டி இழுத்து விளையாடினர். மதுரை மாநகரில் ஞாயிறு மறைந்த பின்பு முதல் சாமத்தில் வீரர் சிலர் போர்ப் பயிற்சி கொண்ட யானையைத் தம்மைத் தொடர்ந்து வந்து பிடிக்கும் படி ஏவி அது தொடர்ந்த போது, அதன் போக்கைத் தடுக்கத் தம் மடியிலிருந்த கப்பணங்களைத் தரையில் சிதறி விட்டனர். பரதவர் முழுமதி நாளில் மகளிருடன் ஆடிப்பாடி மகிழ்ந்தனர்.

4. தமிழர் மருத்துவம்

- நா. தீபா சரவணன்

முன்னுரை - பழந்தமிழ் மக்கள் உடற்கூறுகள் பற்றிய அறிவிலும், மருத்துவம் பற்றிய புரிதலிலும் சிறந்து விளங்கினர். உலகில் பல்வேறு மருத்துவ முறைகளுக்கிடையே தனக்கென தனி மரபு சார்ந்த மருத்துவ முறைகளை உருவாக்கி முத்திரை பதித்தவர்கள் தமிழர்கள். நாட்டுப்புற மருத்துவம், பாட்டி வைத்தியம், சித்த மருத்துவம், வீட்டு-வைத்தியம், மூலிகை மருத்துவம் எனப் பல பெயர்களில் வழங்கப்பட்டு வந்த மருத்துவ முறையே நம் தமிழர் மருத்துவம். அறிவியல். தொழில்நுட்பம் போன்றவற்றில் வளர்ந்து

நிற்கும் தற்கால மருத்துவ முறைகளோடு ஒப்பிட்டுப் பார்க்கவல்லது நம் பழந்தமிழ் மருத்துவமுறைகள். சமுதாயத்தின் காலக்கண்ணாடியாகவும், வரலாற்றுப் பதிவுகளாகவும் விளங்கும் இலக்கியங்கள் வழி நம் தமிழரின் மருத்துவப்பெருமை வெளிப்படுகிறது.

நோய், பிணி - நோய், பிணி ஆகிய இருசொற்களுமே சங்க இலக்கியங்களில் கையாளப்படுகின்றன. நோய் என்பது சிறிதுகாலம் இருக்கக்கூடியது. உடம்பை சிறிதுகாலம் நொய்த்து எடுத்துவிட்டு மருந்தின் உதவியால் சரிசெய்யக்கூடியது. பிணி என்பது இடையறாது தொடர்ந்து துன்புறுத்தக் கூடியது. நோய், பிணி இவ்விரு சொற்களுமே சங்க இலக்கியங்களில் பயன்படுத்தப்பட்டு வந்துள்ளன.

'வரினும் நோய் மருந்து அல்லர் வாராது' (நற்றினை -64/10)

'நோய்க்கு மருந்தாகிய கொண்கன் தேரே' (ஐங்குறுநூறு-101/5)

போன்ற இலக்கியப் பாடல்வரிகள் இதற்குச் சான்றுகளாகின்றன.

'நோய் நாடி நோய் முதல் நாடி அது தணிக்கும்
வாய் நாடி வாய்ப்பச் செயல் ' (குறள் — 948)

என்ற குறள், நோய்க்கானக் காரணத்தை அறிந்து அதற்கேற்ப சிகிச்சை அளிக்க வேண்டும் என்பதை உணர்த்துகிறது.

மருந்து உட்கொண்டாலும் சிறிது இடைவெளியில் மீண்டும் உருவெடுப்பது பிணி எனப்படுகிறது. எனவேதான் மணிமேகலைக்காப்பியம் பசியை 'பிணி' எனக் குறிப்பிடுகிறது. ஆதிரைபிச்சையிட்ட காதையில் பசியைப்பற்றிக் குறிப்பிடுகையில்.

'அமுத சுரபியின் அகன் சுரை நிரைதரப்
பாரகம் அடங்கலும் பசிப்பிணி அறுகென
ஆதிரை இட்டனள் ஆருயிர்மருந்து என்' 1

எனக் குறிப்பிடப்பட்டுள்ளது. மாணிக்கவாசகர் எட்டாம் திருமுறை புணர்ச்சிப்பத்தில்

'தாதாய் மூவேழுலகுக்குந்
தாயே நாயேன் தனை யாண்ட
பேதாய் பிறவிப் பிணிக்கோர் மருந்தே' 2

என மனிதப்பிறவியைப் பின்னணியாகக்கொண்டு பாடல் இயற்றுகிறார். இவ்விலக்கியங்கள் வழி, பிணியின் சொல்லாடலை உணர முடிகிறது.

'மருந்து' சொல்லாட்சி - குறிப்பிட்ட சில பொருள் அல்லது பொருட்களின் கலவை நோய்க்கான சிகிச்சையில், அல்லது நோய்த்தடுப்பில் பயன்படுத்தப்படும் பண்புகளைக் கொண்டுள்ளதோ அந்தப்பொருள் மருந்து எனப்படுகிறது. இலக்கியங்களில் மருத்துவம் பற்றிய குறிப்புகளிருப்பது போல சில நூல்களுக்குப் பெயர்கள் மருத்தின் பெயராக வைத்துள்ளனர். திரிகடுகம், ஏலாதி, சிறுபஞ்சமூலம் போன்றவை இதற்குச் சான்றுகளாகும். சங்க இலக்கியங்களில் மருந்து என்ற சொல் பல்வேறு இடங்களில் பயன்படுத்தப்பட்டு வருகின்றன.-

'மருந்து பிறிது இல்லை யான் உற்ற நோய்க்கே' - (நற்றிணை 80/9)

'மருந்து எனின் மருந்தே வைப்பு எனின் வைப்பே' (குறுந்தொகை- 71/1)

'நோய்க்கு மருந்து ஆகிய பணை தோளோளே '(ஐங்குறுநூறு — 99/4)

'மருந்து பிரிது இன்மையின் இருது வினை இலனே' (அகநானூறு- 147/14)

'மருந்து கொள் மரத்தின் வாள் மடு மயங்கி' (புறம் 180/5)

போன்றவை சங்க இலக்கிய எடுத்துக்காட்டுகளாகும். இவைபோலவே

'மருவு நல்லாதன் மருந்து' (திரிகடுகம் -105/4)

'தலைமகனைத் தாழ்க்கும் மருந்து' (சிறுபஞ்சமூலம் 51/4)

போன்ற சில எடுத்துக்காட்டுகள் பதினெண்கீழ்க்கணக்கு நூல்களிலுள்ள மருந்து என்ற சொல்லின் பயன்பாட்டை

உணர்த்துகிறது.

மருந்தின் வகைகள்

பண்டையத் தமிழர்கள் உணவே மருந்து மருந்தே உணவு என்ற வாழ்க்கையை வாழ்ந்து வந்தனர்.

'உண்டி முதற்றே உணவின் பிண்டம்
உணவெனப்படுவது நிலத்தொடு நீரே' 3
என்கிறது புறம்.

ஆயுர்வேதம், யுனானி, ஹோமியோபதி, அலோபதி போன்ற மருத்துவமுறைகள் போன்று, தமிழர்கள் பயன்படுத்திய மருத்துவ முறைகளை 'சித்த மருத்துவம்' என்று அழைத்தனர். இயற்கையில் கிடைக்கக்கூடிய தாவரம், மரம், செடி, கொடி, பூ, புல், பூண்டு, கொடி, வேர், பட்டை, இலை, பிஞ்சு ,காய், பழம் விதை முதலியவைகளைக் கொண்டு தயாரிக்கப்படுகின்ற மாத்திரை, கட்டுகள், பொடிகள், தைலங்கள், கசாயங்கள் போன்றவை சிறந்த மருத்துவ முறைகள் ஆகின்றன.

சங்க இலக்கியங்களில் மருத்துவக் குறிப்புகள் - 'நோயற்ற வாழ்வே குறைவற்ற செல்வம்' என்ற பழமொழி நோயின்றி வாழ்தலின் முக்கியத்துவத்தை எடுத்தியம்புகிறது. உடம்பை நோய்களிலிருந்து பாதுகாக்க உணவும் ஒழுக்கமும் சரியான முறையில் கடைப்பிடிக்க வேண்டும் என்பதை இலக்கியங்கள் உணர்த்துகின்றன. உணவை உட்கொள்ளும் முறை அறிந்து உண்ண வேண்டும் என்பதைத் தெளிவாக எடுத்தியம்புகிறது.

'கிடந்துண்ணார் நின்றுண்ணார், வெள்ளிடையும் உண்-
ணார்
சிறந்து மிகவுண்ணார், கட்டின்மேல் உண்ணார்
இறந்தொன்றும் தின்னற்க நின்று' - 4

என்ற ஆசாரக்கோவை பாடல் நாவைக்காத்து வேண்டிய அளவு மட்டும் உண்பவனுக்கு நோய்கள் வராது என்பதை விளக்குகிறது. சிறுபஞ்சமூலத்தின் 'காத்திருப்பான் காணான் பிணி' (8;4) என்ற வரி. முறைப்படி உணவை உட்கொண்டால் மருந்தின் தேவையே இராது என்பதை உணர்த்துகிறது

'மருந்தென வேண்டாவாம் யாக்கைக்கு அருந்திய

தற்றது போற்றி உணின் ' 5

என்ற குறள். இலக்கியங்களில் நோயின்றி வாழ்தலின் முக்கியத்துவம் பற்றிக் குறிப்பிடப்படுவது போலவே, சில இடங்களில் மருத்துவக் குறிப்புகளும் விளக்கப்படுகின்றன.

போர்க்களத்தில் விழுப்புண் ஏற்படுகின்ற வீரர்களுக்குப் புண்மீது பஞ்சு வைத்துக் கட்டுகின்ற நவீன மருத்துவ முறை பழங்காலத்திலேயே இருந்ததை, 'பஞ்சியும் களையாப் புண்ணர்' (353:16) என்ற புறநானூற்று அடி உறுதி செய்கிறது. இக்காட்சி பாசறையின்கண் என்பதால் தற்போது இராணுவ மருத்துவமனைகள் இயங்குதல் போல அக்காலத்திலும் இராணுவ மருத்துவமனைகள் அமைக்கப்பட்டிருப்பது அறியமுடிகிறது. அறுவைசிகிச்சை மருத்துவ முறை பற்றியக் குறிப்பு பதிற்றுப்பத்தில்,

'மீன்றோர் கொட்பிற் பனிக்கயம் மூழ்கிச்
சிரல் பெயர்ந்தன்ன நெடுவெள் ஊசி
நெடுவசி பரந்த வடு வாழ் மார்பின்' 6

என்ற அடிகள் வழி விளக்கப்படுகிறது. சிரற்பறவை நீரில் மூழ்கி மேலெழும்போது அதன் அலகில் மீன்கள் மாட்டி இருபுறமும் தொங்குவதுபோல, காயங்களின் மேலெழும் ஊசியின் காதில் தையல் இழைத் தொங்குதல் ஒப்புமையாகக் காட்டப்பட்டுள்ளது.

உள்ளம் பெருங்கோயில் ஊனுடம்பு ஆலயம் என்ற கொள்கை உடையவர்களான சித்தர்கள் 'காயகற்பம்' எனும் மருந்தினை உண்டு யோகத்தில் ஈடுபட்டு நீண்டகாலம் வாழும் வல்லமையை பெற்றிருந்தார்கள். இயற்கையாக மனித உடலில் ஏற்படும் நரை, மூப்பு போன்றவற்றைப் போக்கும் இயல்புடையதே காயகற்பமாகும். இதனைச் சாகா மருந்து, அமுதம் என்றும் கூறுவர். இது குறித்துப் பாம்பாட்டி சித்தர் பின்வருமாறு குறிப்பிடுகிறார்.

“காலமெனும் கொடிதான கடும்பகையைக்
கற்பமென்னும் வாளினாற் கடிந்து
சாலப் பிறப்பிறப்பினை நாம் கடந்தோம்

தற்பறங் கண்டோமென்று ஆடாய்பாம்பே" 7

மருத்துவர் பெருமை - நோய்க்கானக் காரணமறிந்து, சரி-யான நேரத்தில், சரியான முறையில் கொடுத்து, நோயைத்-தீர்ப்பது மருத்துவரின் கடமையாகக் கருதப்படுகிறது. தொல்-காப்பியர் மருத்துவரை 'நோய்மருங்கு அறிநர்' (தொல்.அகம்.192) என்கிறார். மேலும் மருத்துவரை 'அறவோன்' (நற்.136) 'மருந்தன்', 'மருத்துவன்' (கலி17:20;21) எனவும் அழைத்தனர். வள்ளுவர் மருத்துவ நூல்களை கற்றுத் தேர்ந்தான் என்ற பொருளில் 'கற்றான்' (குறள் 949) என்றும், நோய்களைத் தீர்க்கும் மருத்துவ அறிவு பெற்றவன் என்ற நோக்கில் 'தீர்ப்பான்' (குறள்.950) என்றும் குறிப்பிடுகிறார். மருத்துவர் நோயின் தன்மைக்கு ஏற்ப மருந்துகளை ஆய்ந்து, கொடுத்து நோயினை குணப்ப-டுத்தும் தன்மை வாய்ந்தவராக இருந்தார் என்பதை உணர்த்-துவதாக அமைந்துள்ளது நற்றிணையின்

'அரும்பிணி உறுநர்க்கு, வேட்டது கொடாஅது,
மருந்து ஆய்ந்து கொடுத்த அறவோன் போல'(நற் 136:2-3)

என வரும் வரிகள்.

மருத்துவன் நோயுற்றவனின் வயதளவையும், நோயின் அளவையும், காலத்தையும் ஆராய்ந்து செயல்பட வேண்டும் என்பதை

'உற்றான் அளவும் பிணி அளவும் காலமும்
கற்றான் கருதிச் செயல்' (குறள்-950)

என்ற குறள் வழி விளக்குகிறார் வள்ளுவர்.

எளிய சில வீட்டு வைத்தியங்கள் - ஊருக்கு ஒரு மருத்துவர். ஒரு வைத்தியர் என்ற காலம் மாறி உடலில் உள்ள ஒவ்வொரு உடல் உறுப்பிற்கும் தனித்தனி மருத்துவ முறை என்ற காலகட்டத்தில் வாழ்ந்து கொண்டிருக்கிறோம். மருத்துவப் பெயர்ப்பலகைகளைக் கண்டு பணத்தைச் செல-வழிக்காமல், அடிக்கடி ஏற்படுகின்ற சில சிறிய உடல் உபாதைகளுக்கு நாம் வீட்டிலேயே வைத்தியம் பார்ப்பது,

பணத்தை மிச்சப்படுத்துவதோடு ஆரோக்கியத்தையும் பாதுகாக்கும். தடுப்பூசியை நோக்கி ஓடிக்கொண்டிருந்த கொரோனா போன்ற கொடு நோய்க்கும், மிளகு ரசம் வைத்தும், இஞ்சி, எலுமிச்சை, மஞ்சள் கொதிநீர் வைத்தும் தீர்வு கூறியவர்கள் நம் தமிழர்கள். பாட்டி வைத்தியமாகக் காலங்காலமாக போற்றப்பட்டு வரும் சில வைத்திய முறைகளை நாம் கடைப்பிடிப்பதால் அடிக்கடி மருத்துவமனைக்குச் செல்வதைத் தவிர்க்கலாம். சில வீட்டு வைத்திய முறைகள்.

1. ஓமம், பனங்கற்கண்டு, மிளகு இவற்றைப் பாலில் போட்டுக் காய்ச்சி, காலை மாலை குடித்து வர, சளித் தொல்லைக் குறையும்.

2. வேப்ப இலையை சிறிது எடுத்து அரைத்து, நீரை வடிகட்டி வெறும் வயிற்றில் குடித்தால் பூச்சித் தொல்லை அகலும்.

4. சுக்கு, மிளகு, சீரகம், கொத்தமல்லி விதை, கறிவேப்பிலை இவற்றைச் சம அளவு எடுத்து வறுத்துக் கசாயமாக வைத்துக் குடித்தால் வரட்டு இருமல் குறையும்.

5. வேப்பம் பூவை நன்கு காயவைத்துத் தூளாக்கி வெந்நீரில் கலந்து உட்கொள்வதினால் வாயுத் தொல்லை நீங்கும். ஆறாத வயிற்றுப்புண் ஆறும்

இது போன்று சமையலறையில் நாம் அன்றாடம் பயன்படுத்தும் பொருட்களே சில வியாதிகளுக்கு மருந்தாகவும் விளங்குகின்றன.

தவிர்க்க வேண்டியவை - நோயின்றி வாழ நமது வாழ்க்கை முறையும் முக்கியப்பங்கு வகிக்கிறது. பகட்டுவாழ்க்கை வாழ நினைக்கும் நாம் விளம்பர வாழ்க்கையையும், துரித உணவு வகைகளையும் விரும்பி ஏற்கிறோம். மண்ணாலான வீட்டு உபயோகப் பொருட்கள், பீங்கான், கல்சட்டி, கண்ணாடி,வெண்கலம், செம்பு,பித்தளை போன்றவற்றாலான பாத்திரங்களைப் பயன்படுத்தி வந்தனர். தற்காலத்தில் அழகை விரும்பி, ஆரோக்கியத்தை மறந்து உப்பு முதல் அனைத்து உணவுவகைகளையும், குடிதண்ணீரையும் பாத்திரங்களில் பத்திரப்படுத்துகிறோம். நெகிழி பொருட்களைத்

தவிர்ப்பது ஆரோக்கியத்திற்கு மிகவும் சிறப்பு. கவர்ச்சிக்காகவும் ருசிக்காகவும் பல கலவைகளை இட்டு, பல்வேறு வண்ணங்களிலும், வடிவங்களிலும் வருகின்ற பொட்டல உணவு வகைகளைத் தவிர்த்தல் சிறந்தது. குழந்தைகள் விரும்பி உண்ணும் சாலையோர உணவுகளையும், துரித உணவுகளையும் தவிர்த்தல் நலம்.

முடிவுரை - பழந்தமிழ் நூல்களில் மருத்துவமுறைகள், பயன்படுத்தப்பட்ட மருந்துகள், மருத்துவன் இயல்பு, மருந்து பெறும் முறைகள் போன்றவை இக்கட்டுரை வாயிலாக அறிய முடிகின்றது. உயிரைப்பேண உணவு உட்கொள்ளும் முறை, முறையான உறக்கம், இயற்கையோடு இயைந்த வாழ்வியல் போன்றவை மனிதனை நோய்களிலிருந்து காக்கின்றன. மனித இனத்தின் பகுத்தறிவிற்கு இயற்கை அளித்தப் பரிசாகிய பழந்தமிழர் மருத்துவமுறையை பாதுகாத்து வளர்த்தல் நாம் அடுத்த தலைமுறைக்காக சேர்த்து வைக்கும் ஆரோக்கியமான எதிர்காலமாகும். துரித உணவுகளிலும் மேலைநாட்டுக் கலாச்சாரங்களிலும் ஆரோக்கியமற்ற அலங்கார உணவு வகைகளிலும் சிக்கியிருக்கும் நம் அடுத்தத் தலைமுறையினருக்கு, தமிழர் மருத்துவத்தின் சிறப்புகளையும், நன்மைகளையும் பயன்பாடுகளையும் எடுத்தியம்புவது

5. கோடையில் குளிப்பது எப்படி?

- டாக்டர். வி. ஆவுடேஸ்வரி

தினம் ஒரு முறை குளிப்பது நமது வழக்கமாக இருக்கிறது. அதிலும் கோடைக்காலத்தில் இரண்டு தடவைகள் குளிப்பதும் கூட அவசியம். மருத்துவ மூலிகை சோப்புகளை உபயோகித்தால் நல்லது என்று நீங்கள் நினைக்கலாம். ஆனால் இவை மிகக் குறைவாகவே பலன் தரும். ஏனென்றால் சோப்பில் நுரை வந்தவுடன் நாம் கழுவிக் குளித்து விடுகிறோம்! அதனால் இந்த மூலிகை எண்ணெய் (சிறிதே இருந்தாலும்) சருமத்துக்குள்ளே ஊறிச் சென்று பலன்தர

வாய்ப்பில்லை. ஓரளவு சருமம் உலர்ந்து போகவும் வாய்ப்பு உண்டு. அதேபோல மிகவும் வாசனை உள்ள சோப்புக்களை உபயோகிக்காதீர்கள். இவை சருமத்தின் நிறத்தைப் பாதிக்க-வும், அலர்ஜியை உண்டாக்கவும் வாய்ப்பு உண்டு.

முதலில் தண்ணீரை நிறைய மேலே ஊற்றித்தடவி ஊறிக்கழுவிய பின் குளிக்கத் தொடங்குங்கள். தொட்டியில் அமர்ந்து குளிப்பதனால் அதிக நேரம் இப்படி ஊறவேண்-டாம். அதனால் அழுக்கு நீர் பாதிக்கும் வாய்ப்பு உண்டு. குறிப்பாகப் பெண்களுக்குத் தாடை இடுக்குகளிலும், பிறவி உறுப்பிலும் அரிப்பு ஏற்படலாம். சுடுநீரில் அதிக நேரம் அமிழ்ந்து குளிக்க வேண்டாம். இதனால் ஆண்களின் ஆண்மை சக்தி பாதிக்கப்படும் என்று கூறுகிறார்கள்.

பிறருடன் சேர்ந்து குளிப்பதனால் அவர்களுடைய சோப்-பையோ, டவலையோ உபயோகிக்காதீர்கள். கணவன் - மனைவியர் கூட இப்படிச் செய்யக் கூடாது. இதனால் சரு-மப் பாதிப்புகள் இருவரிட மிருந்து மற்றவருக்குப் பரவும் வாய்ப்பு உண்டு. கூடியவரை குளித்தபின் குளியலறையைக் கழுவிவிடுங்கள். அங்கே தங்கும் அசுத்தம் மற்றவரைப் பாதிக்கக்கூடும். பாதங்களில் சீக்கிரமாகவே இந்த பாதிப்பு ஏற்படும்.

பொதுவாக நாம் முகத்தைக் கழுவுகிறோமே தவிர, காதின் பின்புறங்களைச் சோப்பு தேய்த்துக் கழுவுவதில்லை. தலையிலிருந்து வெளிப்படும் எண்ணெய்ப் பிசுக்கு, ஷாம்பூ, சீயக்காய் போன்றவை இந்த இடத்தில் தேங்கும். காதை முன்புறம் மடித்து இந்தப் பகுதியைத் தேய்த்துக் கழுவுங்கள். கழுத்தில் இறுக்கமாக ஆடை அணிபவர்களுக்கும், தலை-யில் குல்லாய் போட்டு கொள்பவர்களுக்கும் இந்த சரும வெடிப்பும் ஏற்படக்கூடும். தொப்புள் பகுதியில் நாம் உபயோ-கிக்கும் சோப்பு, தேய்த்துக்கொள்ளும் மாவு ஆகியவை அழுக்குடன் சேர வாய்ப்பு உண்டு. நகம் கூர்மையாக இல்-லாத விரலால் இந்தப் பகுதியைச் சுழற்றி அழுக்கெடுத்து, சோப்பு தேய்த்துக் கழுவுங்கள்.

தொடையின் இடுக்கிலும், பிறப்பு உறுப்பிலும் பெண்க-ளுக்குக் குறிப்பாக அழுக்கு சேரும். இன்றைய நாகரிகத்தில் உள்ளாடையைக் கழற்றாமல் குளிப்பது வழக்கமாக இருக்கி-றது. இந்த இடங்களில் வியர்வை, கோடைகாலத்தில் அதி-கமாக இருக்கும். ஆகையால் சரியாகச் சுத்தம் செய்யாவிட்-டால் படை, சொறி போன்றவை ஏற்பட வாய்ப்பு உண்டு. விரலை நன்றாக உள் வரையில் செலுத்தியும் சுழற்றியும் நன்றாக சோப்பு நுரைவரத் தேய்த்துச் சுத்தம் செய்யவேண்-டும். தம்பதியர் இந்தப் பகுதிகளில் மருந்து, உரை கிரீம் ஆகியவற்றை உபயோகிக்க வாய்ப்பு உண்டு. ஆகையால் குளிக்கும் போது ஆண்களும், பெண் களும் இப்பகுதியை நன்கு சுத்தம் செய்யவேண்டும்.

முதுகுப்பகுதி பெரும்பாலும் தேய்த்துக் கழுவப்படுவதே இல்லை. மெல்லிய கயிறு அல்லது துண்டை முதுகுப்புறம் உபயோகித்து அழுத்தத் தேய்த்து கழுவுங்கள். முதுகு தேய்ப்-பான்களை உபயோகிக்கலாம். ஒருவருக்கு மற்றவர் முதுகு தேய்த்துவிடுவது கிராமங்களில் கணவன் மனைவியரிடையே உள்ள ஒரு பழக்கம். இந்த ஒரு நல்ல நடைமுறை. இளந்தம்பதியருக்கு இதில் உல்லாசம் கிடைக்கவும் வாய்ப்பு உண்டு!

கால்கள் நாள் முழுவதும் நடந்து அழுக்கைச் சேகரிக்-கின்றன. ஆனால் குளிக்கும் போது நாம் உள்பாதத்தையோ, கால்விரல் இடுக்குகளையோ தேய்த்துக் கழுவுவதே இல்லை. இங்கேதான் உடலில் மிக அதிகமான அழுக்கு சேர வாய்ப்பு உண்டு. இவற்றை ஒவ்வொரு விரலாகப் பிரித்து நன்கு தேய்த்துக் கழுவவேண்டும். இல்லாவிடில் வெடிப்பு, சொறி, புண் ஆகியவையும் ஏற்படக் கூடும்.

கழுத்துப்புறம் முகத்தை நிமிர்த்தி நன்றாகத் தேய்த்துக் கழுவுங்கள். அதே போலப் பின்கழுத்து, பிடரி ஆகிய பகுதி-களை நன்றாகச் சுழற்றி தேய்த்துக் கழுவுங்கள். வெய்யிலில் இப்பகுதிகளில் வியர்வையால் நிறைய அழுக்கு சேரக்கூடும். ஆகையால் கையைக் கழுத்தைச் சுற்றித் தடவித் தேய்த்துக் குளிக்க வேண்டும்.

தினந்தோறும் தலைக்குக் குளிப்பது ஆற்றிலும், குளத்திலும் குளிப்பவர்களுக்கு சகஜம். ஆனால் பெரும்பாலும் நகரங்களில் உள்ளவர்கள், 'ஷவர்பாத்' எடுத்துக் கொண்டாலொழிய தலைக்குத் தேய்த்துக் குளிப்பதில்லை. வாரம் இருமுறையேனும் தலைக்கு ஷாம்பூ போட்டு தேய்த்துக் குளிக்கவேண்டும். பிறருடைய சீப்புகளை உபயோகிக்காதீர்கள். கூந்தலில் சிக்கு, பேன், அரிப்பு போன்ற உபாதை உள்ளவர்களிடமிருந்து உங்களுக்கு இது பரவி விடக்கூடும்.

கண்களைக் கழுவும்போது இமைகளை மூடி, தண்ணீரை முகத்தில் அடித்துக் கழுவுங்கள். கண்ணிற்குள் அழுக்கோ, சோப்பு நுரையோ பட்டால் எரிச்சல் உண்டாகும். ஆகையால் கூடியவரை மூடிக்கொண்டு குளிப்பதே நல்லது. சுத்தமான குளிர்ந்த நீரைத்தவிர வேறு எதுவும் விழிகளில் படக்கூடாது. காதுகளை விரலால் மேலாகத் தடவி சோப்பு தேய்த்துக் குளித்தால் போதும். காதின் உட்பகுதி களை இயற் கை தானா கவே சுத் தம் செய்து கொண்டு விடுகிறது. காதில் சேரும் அழுக்கு, மெழுகு வடிவில்தானே வெளிவந்து விடுகிறது. காதை உட்பகுதியில் எந்தத் துரும்பு வைத்து சுத்தம் செய்ய முயலாதீர்கள். வலியோ அரிப்போ இருந்தால் காதில் மருந்துத் துளி விட்டுக் கொள்ள லாம். இதை டாக்டரின் ஆலோசனையுடன் செய்ய வேண்டும். காதுக்குள் தண்ணீரை விடக் கூடாது. இங்கே கூறியவை அனைத்தும் மூக்கிற்கும் பொருந்தும்.

குளிக்கும் போது நன்றாகக் கொப்பளித்து, பற்களை விரலால் தேய்த்துச்சுத்தம் செய்யுங்கள். அடிக்கடி 'மவுத்வாஷ்' போன்ற திரவங்களைப் போட்டுக் கழுவாதீர்கள். வாயின் உட்பகுதியில் நல்லது செய்யும் பாக்டீரியாக்களும் உள்ளன. இவற்றை இவ்வாறு அடிக்கடி கழுவுவது நாசம் செய்துவிடும். பொய்ப்பல் வைத்து கொள்பவர்கள் அதைத் தனியாகக் கையில் எடுத்துச் சுத்தம் செய்ய வேண்டும். குளிப்பதற்குமுன் 'ஷேவ்' செய்து கொண்டு விடவேண்டும். இந்த சோப்பு மிச்சம் இல்லாமல் நன்கு கழுவிடப்பட்ட பின்பே குளிக்க வேண்டும். இந்த சோப்பின் நுரை கண்ணின் பகு-

திகளில் படக்கூடும். முக க்ஷவரம் செய்துகொள்ள வென்னீர் தேவைப்படும். குளிக்கும்போது மற்ற பகுதிகளுக்கு இது தேவை இல்லை.

கை, கால் பகுதிகளில் அக்குள் பகுதிகளை நன்கு தேய்த்துக் கழுவவேண்டும். பொதுவாக நாம் இதைச் செய்வதில்லை. வேனிற்காலத்தில் இந்தப்பகுதிகளில்தான் அதிகமாக வியர்வையும், அழுக்கும் சேரும். சோப்பு போட்டு நன்றாகத் தேய்த்துக் குளிப்பதுடன், வியர்வை நாற்றத்தை விலக்க மருந்து தெளிப்பும், பவுடரும் உபயோகிக் கலாம். இவை அளவாக, குளித்தபின் செய்யப்பட வேண்டும். அலர்ஜி உள்ளவர்கள் உபயோகிக்கக் கூடாது. வியர்வை, வியர்க்குரு இவற்றுக்கென்றே தனி பவுடர்கள் உண்டு. இவற்றைப் பயன்படுத்தலாம்.

நகங்களில் நிறைய அழுக்குசேரும். இதை ஒவ்வொரு விரலாக எடுத்து, நகங்களின் இடுக்கில் சோப்பு சேரவிட்டு, தேய்த்துக் கழுவ வேண்டும். நகங்களை வளராமல் அவ்வப்போது கத்தரித்து விட வேண்டும். கை உறைகளைப் போட்டு வேலை செய்பவர்களும், கைகளில் ரசாயனப் பொருட்கள் படும்படி வேலை செய்பவர்களும் இதை முக்கியமாகக் கவனிக்கவேண்டும். அழுக்கு சேர்ந்த நகங்கள், நாம் உணவருந்தும்போது, உணவின் சுத்தத்தைக் கெடுத்துவிடும். பொதுவாகக் குளிக்கும்போது பின்புறம் (புட்டம்) ஆசனவாய் ஆகியவற்றை நாம் நன்கு தேய்த்துக் கழுவுவதில்லை. மலம் கழித்தபின் கழுவுவதோடு சரி. குளிக்கும்போது இப்பகுதிகளில் சோப்பு நுரை நன்கு படும்படி தேய்க்கவேண்டும். இல்லாவிட்டால் அரிப்பு, சொறி, படை ஆகியவை பரவிப் பீடிக்க வாய்ப்பு உண்டு.

பொதுவாகக் குளிர்ந்தநீரில் குளிப்பதே நல்லது. ஆனால் வயதானவர்கள், நோய்வாய்ப்பட்டவர்கள், சைனஸ் பாதிப்புள்ளவர்கள் குளிர்ந்த நீரல் குளிப்பது நல்லதல்ல. மேலும் இரத்த அழுத்தம் கூடுதலாக இருப்பவர்கள் குளிர்ந்த நீரில் குளித்தால் அழுத்தம் திடீரென்று கூடிவிடும். சிலருக்கு இருதய வலி கூடத் தோன்ற லாம். பொதுவாக உடற்சூடு

அளவே கொதிப் புள்ள நீரில் குளிப்பது நல்லது. எண்ணெய் குளியல் செய்பவர்களும், ஒத்தடம் போல நீரை விட்டுக் கொள்பவர்களும், முடக்கு வாதம் போன்ற பாதிப்பு உள்ளவர்களும் வெந்நீரில் தவறாமல் குளிப்பதுதான் நல்லது. ஜலதோஷம் உள்ளவர்கள் வெந்நீரில் சில துளிகள் யூகலிப்டஸ் எண்ணெய் விட்டுக் குளிக்க வேண்டும்.

குளித்து முடித்த பிறகு அதிக மொர மொரப்பு இல்லாத துணியால் (துண்டு) உடல் முழுவதையும் அழுத்தித் துடைக்கவேண்டும். கடுங்கோடையில் இதற்குப் பின் வேர்க்குரு பவுடர் போட்டுக் கொள்வது நல்லது. இவ்வாறு சுத்தமான உடம்பில் மீண்டும் அழுக்கை ஏற்றிக்கொள்ளக் கூடாது. ஏற்கனவே அணிந்த பழைய உடைகளைக் கூடுமானவரை மீண்டும் அணியாதீர்கள். இரவு உபயோகித்த உள்ளாடைகளை மீண்டும் உபயோகிக்காதீர்கள். துவைக்காத ஜீன்ஸ் உடைகளை மீண்டும் மீண்டும் அணிவது இன்றைய நாகரீகமாக இருக்கிறது. இது நல்லதல்ல. இதனால் அழுக்கு ஏறி சரும நோய் பரவும்.

இறுக்கமான உள்ளாடைகளையோ, உடைகளையோ அணியாதீர்கள். இவற்றில் வியர் வையும், அழுக்கும் சேரும். சருமத்தை அரித்து தேய்க்கும்; சொறி, வெடிப்பு போன்ற பாதிப்புகள் உண்டாகும். நல்ல வேனிற்காலத்தில் வேஷ்டி, தொள தொளவென்ற கதர், கைத்தறி, பஞ்சு சட்டை ஆகியவையே உகந்தது. வீட்டில் பனிய னும் வேஷ்டியும் போதும். பெண்கள் நூல் புடவையை அணிவதும், நூலால் செய்த உள்ளா டைகளை அணிவதும் உசிதம். இறுக அணியும் ஆடைகள் சருமத்தில் உள்ள நுட்பமான மயிர் களையும் குலைக்கும்.

குழந்தைகளைக் குளிப்பாட்டும்போது பொறுமையாக, மெதுவாகக் குளிப்பாட்டுங்கள். குழந்தைகளின் நாப்பி, கால்சட்டை, உள் பனியன் போன்றவற்றை எடுத்து நன்கு சோப்புத்துணியால் துடைத்து விட்டுக் குளிப்பாட்டுங்கள். டிடர்ஜன்டுகள் கெடுதலை விளைவிக்கின்றன. எண்ணெய்க் குளியலும், சூடான வெந்நீரும் அவசியம் அல்ல. லேசாக

எண்ணெய் தடவி ஊற்றி, மிதமான சூடுள்ள வெந்நீரில் குளிக்கச் செய்தால் போதும். காது, மூக்கு ஆகியவற்றில் எண்ணெயை விடாதீர்கள். குழந்தைகளுக்கென்று மென்மையான சோப்பு உள்ளது. அதையே உபயோகியுங்கள். குழந்தையின் கையை, கைவிரல்களை நன்றாகத் தேய்த்துக் குளிப்பாட்டுங்கள். அவை சுத்தமாக இல்லாவிட்டால், குழந்தை விளையாடும்போதும், சாப்பிடும்போதும் விரல் சூப்பும் போதும் பாதிப்பு ஏற்படும். குழந்தையின் கை நகங்களை நன்றாகக் கத்தரித்து விட்டுச் சுத்தம் செய்யுங்கள்.

குளிக்கும்போது சோப்பு உபயோகிப்பது இன்று நம்மிடையே நன்கு பழகிவிட்டது. ஆனால் பயற்றுமாவு, மஞ்சள் பொடி, கடலை மாவு போன்றவை சருமத்துக்கு நன்மை தரக்கூடியவை. அதேபோலத் தலைக்குச் செம்பருத்தி, நெல்லித் தைலம், சந்தனாதித் தைலம் ஆகியவற்றை உபயோகிப்பது வெய்யில் காலத்தில் குளுமை சேர்க்கும். அவ்வப்போது இவற்றை உபயோகிப்பது நல்லது. நல்ல குளியல் உடம்பின் சருமத்தைப் பாதுகாக்கும். நம்மைச் சுறுசுறுப்பாக்கும். உடம் பிற்குப் புத்துணர்வு தரும். நாள் முழுவதும் வேலை செய்தபிறகு, நன்றாகக் குளித்தால் சோர்வும் அயர்ச்சியும் தீரும். நம்முடைய அன் றாட வாழ்க்கையில் ஒரு முக்கியமான தேவை நல்ல குளியல்.

6. உயிர் காக்கும் தமிழ் மருத்துவம் எங்கே போனது?

- சு. நரேந்திரன்

தமிழர்களிடத்து மருத்துவவியலறிவு இன்று நேற்று வந்ததன்று. தமிழ் மாந்தர்கள் தங்கள் மூதாதையர்களிடமிருந்து தொன்றுதொட்டே பெற்ற தொன்மைக் கலையாகும். தமிழர் மருத்துவக் கலை சங்ககாலத்திற்கு முன்பிருந்தே காணப் படுகிறது. இலக்கியங்கள் வழி தமிழர்களின் மருத்துவக் குறிப்பினையும் சிறப்பினையும் அறிந்து கொள்ளமுடியும். எனினும் மிகையான விழுக்காடு குறிப்புகள் நடை முறை-

யில் இன்று தமிழ் மருத்துவ உலகில் மிக அரிதாகவே காணக்கிடைக்கிறது என்பதே நிதர்சனம்

காரணங்கள் என்ன?

தமிழகத்திற்கே உரிய கலை, பண்பாடு நாகரிகம், மருத்துவம் ஆகிய முறைகளை முறையாகப் பயன் படுத்துவோர்களின் எண்ணிக்கை குறைகின்ற காரணத்தினால் மதிப்புக் குறையத் தொடங்கின. அவற்றுள் தமிழ் மருத்துவ முறைகள் மதிப்பிழந்து வெகுவாகத் தொலைந்துவிட்டன.

இதற்கான காரணங்கள் பாரம்பரிய மருத்துவ முறைகளைக் கையாளுவோர் இரகசியமாக வைத் திருப்பது, தமிழ் மருத்துவ முறைகளில் காணப் படும் பத்திய கட்டுப்பாடுகளை மக்கள் வெறுப்பது, தமிழ் மருத்துவர்கள் முறையாக மருந்துகளைத் தயாரிப் பதில் அக்கறை காட்டாதது. ஆங்கில மருத்துவ உலகோடு போட்டி போட முடியாதது, மக்களின் பொறுமை இன்மை ஆகியவைகளைக் குறிப்பிடலாம்.

பண்டைய கால மருந்தும் மருத்துவமும் மருந்து:

மருந்தின் இலக்கணம், உடலுக்கும், உள்ளத் துக்கும் ஏற்படும் நோய்களைத் தடுப்பதும், நீக்கு வதுமான பொருளே.

“வாயுறை வாழ்த்தே வயங்க நாடின்
வேம்பும் கடுவும் போல வெஞ்சொல்.” (தொல். செய்:424)

என்று தொல்காப்பியர் கூறுவதன் மூலம் அவர் கால மருத்துவ முறையைப்பற்றி அறிய முடிகிறது. இதை விட சற்று விளக்கமாகத் திருமூலர், வாயின் மூலம் அளிக்கப்படும் மருத்துவம், மருத்துவன் கூறும் இதமான சொற்களே என்கிறார். இதுவே வாயுறை என்பதற்குப் பொருளாகும். (வாயுறை - மந்திரச் சொற்கள்).

உடல் நோயைக் களைந்து உளநோயைப் போக்கி நோய் வராமல் காத்துச் சாவைத் தடுக்கும் திறன் கொண்டதே உண்மையான மருந்து என்பது முன்னோர் கண்ட முறையாகும்.

நல்ல மருந்து: நல்ல மருந்தின் இலக்கணம் என்ன? என்பதைக் கலித்தொகை சுட்டுகிறது. மருந்தானது நோயை மட்டுப்படுத்தி நோயாளிக்குத் தீங்கு நேரா வண்ணம் காக்க வேண்டும் என்பதை;

"இன்னுயிர் செய்யும் மருந்தாகிப் பின்னிய"

(கலி. 32: 14-15)

என்ற தொடர் சுட்டியுள்ளது. அம்மருந்து பொறுக்க முடியாத துன்பத்தைப் போக்கும்படியாக இருக்க வேண்டும் என்பதை,

"அருந்துயர் ஆரஞர் தீர்க்கும்
மருந்தாகிச் செல்வம் பெரும" (கலி. : 44)

என்ற வரிகளும், நோயை உடனுக்குடனே தீர்த்து நோயுள்ளவனை நலம்பெறச் செய்து பின் விளைவுகள் இல்லாமல் நோயை விரைவாகத் தீர்க்கும் ஆற்றல் உடையதாக இருக்க வேண்டும் என்பதை,

"என்னுள் இடும்பை தணிக்கும் மருந்தாக
நன்னுதல் ஈத்த இம்மா" (கலி. : 140)

என்ற வரிகளும்;

"நோய் நாம் தணிக்கும் மருந்தெனப் பாராட்ட" (கலி: 81)

என்ற வரியும் கூறுவது குறிப்பிடத்தக்கன.

நல்லுடம்பில் மருந்து: நல்லொழுக்கத்தாற் பேணப்பட்ட நல்ல உடம்பிற்குத் தான் மருந்து நல்ல பலனளிக்கும். நோய் எதிர்ப்புச் சக்தியுடன் கூடய உடம்பும், மருந்தை ஏற்றுக்கொள்ளும். மருந்தை உடம்பு ஏற்றுக்கொள்ளவில்லையேல் பயனில்லை என்பதை,

"பொருந்தியான் தான் வேட்ட பொருள் நினைந்த சொல்
திருந்திய யாக்கையுள் மருத்துவன் ஊட்டிய
மருந்து போல் மருந்தாகி மன னுவப்பப்
பெரும் பெயர் மீளி பெயர்ந்தனன் செலவே." (கலி. : 17)

என்ற வரிகள் குறிப்பிடுகின்றன. மருந்தால் பிணி தீரு-மென்பதையும், சில பிணிகள் தீராவென்பதையும் இன்ன பிணிக்கு இன்ன மருந்து பயனளிக்கும் என்பதையும் சங்கத் தமிழர் அறிந்திருந்தார்கள் என்பதை,

"விறலிழை நெகிழ்த்த வீவு அரும் கடு நோய்"

(குறிஞ்சிப்பாட்டு: 3)

என்ற வரிகள் சுட்டுகின்றன.

மருத்துவ அறம்:

"அரும்பிணி உறுநர்க்கு வேட்டது கொடா அது

மருந்தாய்ந்து கொடுத்த அறவோன் போல்" (நற்றிணை: 136)

என்ற வரிகள் மருத்துவன், நோயாளி, நோயின் தன்மை, காலம் ஆகியவைகளைக் கணக்கெடுத்து மருத்துவம் செய்ய வேண்டும் என்பதைத் தெளிவு படுத்தியுள்ளது.

"திருந்திய யாக்கையுள் மருத்துவன் ஊட்டிய

மருந்து போல் மருந்தாகி மனன் உவப்ப."

(கலி. 17 19-20)

என்ற கலித்தொகை வரிகள் மருத்துவன் நோயுற்ற வரின் உடல் நிலைகளை நன்கு ஆராய்ந்து, அவரின் தடுப்பாற்றல் அல்லது திருந்திய யாக்கையின் தன்மைக்கு ஏற்றவாறு மருந்து கொடுக்க வேண்டும் என்பதோடு கொடுக்கப்பட்ட மருந்து உண்மை யான மருந்தாகி நோயைப் போக்க வேண்-டும். அவ்விதம் அமைந்தால் மருத்துவர், நோயுற்றவன் என இருவருமே மனம் மகிழ்வர் என மேற்கண்ட வரிகள் தெரி-யப்படுத்துகின்றன.

குழந்தை மருத்துவம்: பண்டைய தமிழர் இளங்குழந்தைக-ளுக்குச் செய்த மருத்துவத்தை மிகவும் தேர்ந்த நிலை பெற்-றதாகவே கருத வேண்டும். குழந்தைகள் நோய்க்கான மருத்-துவத்தை மனையுறையும் பெண்டிரே செய்தனர் என்பதற்கு,

"காடி யாட்டித் தராய்ச்சாறும்

கன்னன் மணியும் நறு செய்யும்

கூடச் செம் பொன் கொளத் தேய்த்துக்

கொண்டு நாளும் வாயு நீஇப்
பாடற் கினிய பகுவாயும்
கண்ணும் பெருக உகிர்; உறுத்தித்
தேடித் தீந்தேன் திப்பிலி தோய்த்து
அண்ணா உரிஞ்சி மூக்குயர்த்தார்.''
(சீவக சிந்தாமணி: 2703)

என்ற பாடல் சான்றாகும்.

''தந்த பசிதனை அறிந்து முலையமுது
தந்து முதுகு தடவிய தாயார்.''

என்ற திருப்புகழ் பாடல் தாய்மார்கள் பிள்ளைக்குப் பாலூட்டும் முறையினைப் படம் பிடிக்கிறது.

பிரமிச்சாறு, கண்ட சருக்கரை, தேன், நறுநெய் ஆகி-யவற்றுடன் காடியைக் கூட்டிப் பொன்னினால் தேய்த்துக் குழந்தைகள் உண்ணு கின்ற அளவிற்குப் பக்குவப்படுத்திய மருந்தாக்கித் தினமும் வாய்வழி ஊட்டினர் என்றதனால் குழந்தை மருத்துவத்தினை வீட்டு மகளிரும் அறிந்திருந்தனர் என்பது பெறப் படுகிறது.

மருந்து கசப்பாக இருந்தால் குழந்தைகள் உண்ணாது. அதற்கு கசப்பு மருந்துக்கு தேன் தடவிக் கொடுத்த குழந்தை மருத்துவர்கள் அக் காலத்தில் இருந்தனர்.

''தேன் சுவைக் கொளீஇ வேம்பினூட்டும்
மகா அர மருந்தாளரின் மறத்தகை யண்ணலை''
(பெருங்கதை: 2-11: 173)

என்ற வரியால் உணர முடிகிறது.

பல் மருத்துவமுறை:

பற்கள் தூய்மையுடன் ஒளியுடன் திகழ கடுக்காயைச் சுட்டுப் பொடி செய்து பல் விளக்கும் முறையை,

''நீணீர் முத்த நிரைமுறுவல் கடுஞ்சுட்
டுரிஞ்சக் கதிருமிழ்ந்து.'' (சிந்தா - 2697 : 3)

என்ற அடியால் அறியலாம்.

வேது (ஒத்தடம்) மருத்துவம்:

சில குறிப்பிட்ட நோய்களுக்கு மருந்துப் பொருட்களைச் சூடாக்கி, அவற்றிலிருந்து எழும் ஆவி உடம்பில் படும்படிச் செய்யும், வேது கொடுக்கும் முறையைக் கலித்தொகையில்,

"பண் புதர வந்த என் தொடர் நோய் வேது
கொள்வது போலும் கடுபகல் ஞாயிறே." (கலித்தொகை: 145: 25-26)

என்னும் அடிகளில் சூரியனின் ஒளியே ஆவியாக இருந்தது எனக் குறிப்பிடப்பட்டுள்ளது. காம நோயினால் இராவணன் வருந்துவதைக் கம்பர்;

"பொங்கு தீ மருந்தினால்
வேது கொண்ட தென்ன மேனி
வெந்து வெந்து..."
(ஆரணிய, மாரீசன் வதைப்படலம் - 91: 2-3)

என வேது கொடுக்கும் முறையை உவமை வழியாகக் காட்டுகிறார்.

இதனைக் கலிங்கத்துப் பரணியும், (55)

"தங்குகண் வேல் செய்த புண்களைத் தட முலை
வேது கொண்டு ஒற்றியும் செங்கனி
வாய்மருந்து ஊட்டுவீர்."

என்று சுட்டுகிறது.

அழகுக்கு மருந்து: நாட்டிய நாயகி கலைச்செல்வி மாதவி, தன் காதலன் கோவலனுடன் உலாவிவர தன்னை ஒப்பனை செய்து கொள்ள நீராடுகிறாள். மாதவி நீராடிய நன்னீரில் "பத்து வகைப்பட்ட துவர், ஐந்து வகைப்பட்ட விரை, முப்பத்திரண்டு வகை ஓமாலிகை" ஆகிய நாற்பத்தேழு மருந்துப் பொருட் களும் ஊறிக் காய்ந்தது என்கிறது சிலம்பு. இவை அழகூட்டும் பொருள்கள் போலும். அப்பொருள்கள் ஊறிய நீரில் நீராடி மாதவி அழகு பெற்றாள் (சிலம்பு: 6: 76-9) எனக் குறிப்பிடப்படுகிறது.

மருந்து; நோய்க்கு மட்டுமின்றி உடல் வனப் பிற்கும் குறிப்பாக மேனி நிறம் பெறவும் இது பயன்பட்டிருக்கிறது என்பது புலப்படுகிறது. இதில் நாற்பத்தேழு மருந்துப்

பொருள்களும் ஒரே வகையான பண்புகளை உடையவை என்பதை அறிந்தே மருத்துவப் புலமையாளர்கள் இக்கூட்டு மருந்தை உருவாக்கியிருக்க முடியும் என்பதையும் அறிய முடிகிறது.

கூந்தல் வளர்ச்சிக்கு மருந்து: மாதர்கள் மேனியெழிலுக்கு மருந்து ஊறிய நீரில் நீராடுவதைப் போல், அவர்கள் தங்கள் கூந்தல் வளர்ப்பும், பராமரிப்பும் இடம் பெறுமாகையால், பெண்கள் கூந்தல் ஒப்பனையை விரும்புவர்.

தண்ணீரில் நீராடிய பெண்டிர் தமது கூந்தலை அகில் புகையால் உலரச் செய்வர். கூந்தலை வளர்க்கவும், நிறங்கொடுக்கவும், பேணவும், மான்மதக் கொழுஞ்சேறூட்டி அலங்கரித்தனர். மான்மதக் குழம்பு என்பது கத்தூரிக் குழம்பு என்றும் சவ்வாது என்றும் அழைப்பர். (சிலம்பு: 6 - 80)

இது போல கூந்தல் நன்கு வளர்வதன் பொருட்டுக் கடுகு கலந்த கைபிழி எண்ணெயைப் பயன்படுத்தினர் எனவும் குறிப்பிடப்படுகிறது. (தொல். சொல் சேனா. ப. 19)

இவை அனைத்தும் இன்றைய அழகு நிலையங் களின் குறிப்புகள் போல் அமைந்திருப்பது வியப்பை அளிக்கிறது.

குரல் வளம் தரும் மருந்து: பஞ்சமரபு நூல் சேறை அறிவனார் என்னும் இசை மேதையால் இயற்றப்பட்டது. இசை, முழவு, தாளம், கூத்து, அபிநயம் என்னும் ஐந்துக்கும் இலக்கணமாக அமைந்துள்ளது இசைப்பாடல்கள். குரல் வளம் பெற மருந்தும் உரைக்கிறது.

"திப்பிலி தேன் மிளகு சுக்கினோ டிம்பூரல்
துப்பில்லா ஆன்பால் தலைக்கடை - ஒப்பில்லா
வெந்நீரும் வெண்ணெயு மெய்ச் சாந்தும் பூசவிவை
மன்னூழி வாழும் மகிழ்ந்து."

என்னும் இச்செய்யுள் திப்பிலி, தேன், மிளகு, சுக்கு, இம்பூரல், பசுவின்பால் தலைக்கடை, மெய்ச்சாந்து, இவைகளை வெண்ணெய் விட்டு அரைத்து வெந்நீரில் குழைத்துப் பூசிவரக் குரலின் வளம் அதிகப்படும் என்கிறது. தொண்டையில் ஏற்படும் நோய்களுக்குத் தான் இக்கால நவீன

மருத்துவம் பயன்படுத்தப்படு கின்றது. குரல் வளத்திற்குரிய மருந்துகள் நவீன மருத்துவத்தில் காணப்பெறவில்லை.

தலைக்குத்துக்கு மருந்து: சங்கப்புலவர் மருத்துவர் தாமோதரனார் திருவள்ளுவமாலையில் 11-ஆம் பாடலைப் பாடியவர். இப்பாடல் மருத்துவத்தைச் சார்ந்தது.

"சீந்திநீர்க் கண்டம் தெறிசுக்குத் தேனளாய்
மோந்தபின் யார்க்கும் தலைக்குத்தில்....."
(திருவள்ளுவமாலை செய். : 11)

சீந்திற் சருக்கரையும் சுக்குப்பொடியும் தேனுங் கலந்து மோந்தால் யாருக்குந் தலைவலி நீங்கிவிடும் என்று பாவாணர் இப்பாடலுக்கு உரை வகுக்கிறார்.

மேற்கூறப்பட்ட மருந்துகள் மூன்றும் நரம்பு மண்டலங்கள் வலிமையடைய பெரிதும் ஊட்டம் அளிப்பவையாகும் என்றும், இது ஒரு வகை தலைவலிக்கு (ருnனைநவேகைநைன ஆைபசய௰நே) பயன்படும் என்றும் கூறப்படுகிறது. நவீன மருத்துவத்தில் ஒற்றைத் தலைவலிக்கு நேரடி மருந்து இல்லை என்பது குறிப்பிடத்தக்கது. (தமிழ் இலக்கியத்தில் சித்த மருத்துவம்: பக். 165 - 1655)

பசிப்பிணி போக்கும் கருநாவல்: பன்னீராண்டு பசி வராமல் தடுக்கும் அரிய வலிமையுடைய கருநாவற்கனி பற்றிய குறிப்பினை மணிமேகலையில் வரும் விருச்சிக முனிவன் கதையில் காணலாம்.

"பெருங்குலைப் பெண்ணைக் கருங்கனி யனைய தோர்
இருங்கனி நாவற்பழம்."

என்று அடையாளம் காட்டப்படும் கருநாவற்பழம் பனைமரத்தின் கரிய கனியைப் போன்றிருக்குமாம்.

உயிர் காக்கும் அற்புத அரிய மருந்துகள்:

இன்றைய அறிவியல் வளர்ச்சியுற்ற மருத்து வத்தில் இல்லாத மருந்துகள் குறிப்பாக மூலிகை மருந்துகள் இருந்ததைப் பற்றிய நால்வகை மருந்து விபரங்கள் கம்பராமாயண யுத்த காண்ட மருத்து மலைப்படலத்தில் காணப்படுகிறது.

"மாண்டாரை உய்விக்கும் மருந்தொன்றும்

உடல் வேறு வகிர்களாகக்
கீண் டாலும் பொருந்து விக்கும் ஒரு மருந்தும்
படைக்கலங்கள் கிளைப்பதொன்றும்
மீண்டேயும் தம்முருவை அருளுவதோர்
மெய்ம் மருந்து முள." (பாடல்: 27)

இறந்தவரைப் பிழைப்பிக்கும் மருந்து ஒன்றும், உடல் வேறு வேறு பிளவாகப் பிளந்திட்டாலும், ஒட்டும்படிசெய்யும் ஒரு மருந்தும் தைத்த படைக் கல ஆயுதங்களை வெளியே எடுக்க ஒரு மருந்தும், உருவம் குலைந்த போது மீண்டும் பழைய உருவினைக் கொடுக்கும் உண்மையான மருந்து ஒன்றும் உள்ளன என்று இப்பாடல் குறிப்பிடுகிறது. இதே பொருளுடைய மற்றொரு பாடலும் மருந்து மலைப் படலத்தில் வருகிறது.

"சல்லியம் அகற்றுவது ஒன்று சந்துகள்
புல்லுறப் பொருத்துவது ஒன்று போயின
நல்லுயிர் நல்குவது ஒன்று நன்னிறம்
தொல்லையது ஆக்குவது ஒன்று தொல்லையோய்."
(மருந்து: 27)

என்ற பாடலடிகள் விளக்குகின்றது.

முந்தைய பாடலில் மருந்துகள் கூறப் பட்டாலும், இப்பாடலில் அவை, இவ்வளவின என்றும் இன்ன ஆற்றலுடையன என்றும் குறிக்கப் படுகின்றன. சல்லியம் அகற்றுவது படைக்கல ஆயுதங்களை வெளிப்படுத்துவது - சல்யகரணி, மாண்டாரை உய்விக்கும் மருந்து சஞ்சீவகரணி, உடம்பு பிளவுபட்டிருந்தாலும் பொருந்தச் செய்யும் மருந்து சந்தான கரணி, இந்நால்வகை மருந்து களும் அக்காலத்தில் உயிர் காக்கும் மருந்துகளாக கருதப்பட்டன. கி.பி. 10-ஆம் நூற்றாண்டில் சித்த மருத்துவத்தில் இந்நால்வகை - மருந்துகளும் இருந்ததை கம்பராமாயணம் உறுதிப்படுத்துகிறது.

இறந்த உயிரை மீட்பதாகக் கூறப்படும் மருந்து மிருத சஞ்சிவினி எனப்படும்.

"வீயும் உயிர் மீளும் மருந்தும் எனல் ஆகியது

வாழி மணியாழி. (பாடல்: 5295)

என்று சுந்தர காண்டத்தில் உருக்காட்டுப் படலத்தில் வரும் குறிப்பொன்று, அழியும் நிலையில் இருந்த உயிர் மீண்டும் பிழைத்ததற்கக் காரணமாக அமைந்த மருந்து என்று கூறியுள்ளது.

மேற்கூறப்பட்ட மூலிகை மருந்துகளின் மாபெரும் சிறப்புக்களை மனதிற்கொண்டு, சிலப்பதிகார உரையாசிரியர் அடியார்க்கு நல்லார் தம்பதியர் இடையே உண்டாகும் ஊடல் பற்றி விரித்துரைக்கும் போது இத்தகு ஊடல்களினால் தம்பதியர்களுக்கு நேரும் துயரங்களைக் களைய தக்கதொரு மருந்து சல்லியக்கரணி, சந்தான கரணி, சாமந்திய கரணி மற்றும் மிளகு சஞ்சீவினி போன்ற சக்திமிகு மருந்துகளைக் கொண்டுள்ள இப்பரந்த உலகினில் காண முடியவில்லையே என்று வருத்தத்துடன் குறிப்பிடுகின்றார். மேலும், அவர் மிருத சஞ்சீவினி எனும் மருந்து, பிரிந்து கொண்டிருக்கும் உயிரினைக் கண் சிமிட்டும் நேரத்திற்குள் மீட்டு நிலை நிறுத்தும் தன்மை பெற்றிருத்தலால் அதை உயிர் மருந்து என்றும் குறிப்பிடுகின்றார். பொருட்டொகை நிகண்டு, இதே விதமான மூலிகைகள் இன்றி யமையா நான்கினை ஓர் நூற்பாவில் சுட்டுகிறது. அவை,

“சல்லிய கரணி, சந்தான கரணி
சமனிய கரணி, மிருத சஞ்சீவி
இவையே நால்வகை மருந்தென செப்புக.” (நூற்பா: 349)

பல மருந்துகளைத் தொகையாகக் குறிப்பிடும் சொல் வழக்கில் இருந்ததைக் கொண்டு மருந்தியலில் வளர்ந்த நிலையினை உணரலாம். நில வரைப்பு என்று மருந்தின் தொகைச்சொல் - இச்சொல்லைப் பற்றிய கருத்துரை வழங்கிய அடியார்க்கு நல்லார் சல்லிய கரணி, சந்தான கரணி, சமனிய கரணி, மிருத சஞ்சீவினி எனும் நான்கு மருந்துகளை உள்ளடக்கியதாகக் குறிப்பிடுகிறார். (உ.வே. சாமிநாதய்யர், சிலப்பதிகாரம்: 1969 - 5: 224 - 34, உரை பக்.

171)

மேற்கண்ட நான்கு வித மருந்துகளின் வினைப் பயனை நோக்கும் போது தமிழ் மருத்துவம் மிக உயர்ந்த நிலையில் இருந்தது தெரியவருகிறது. இம்மருந்துகளைப் போன்ற பயனுடைய மருந்துகள் நவீன மருத்துவத்திலும் இல்லை.

பழங்கால தமிழகத்தில் வாழ்ந்து வந்த சித்தர்கள் கொங்குநாடு, குடகு நாடு, சேர நாடு ஆகியவற்றில் இக்கிடைத்தற்கரிய மூலிகைகள் கிடைக்கக் கூடியவைகளாகத் தங்கள் சித்த மருத்துவ நூற்களில் குறிப்பிட்டு மூலிகைகள் வளரக்கூடிய இடங்கள் அட்டமங்கலம் எனப் பெயரிட்டுள்ளனர். (தமிழ் இலக்கியத்தில் சித்த மருத்துவம்: ப. 237)

முதுமை வராதிருக்க மருந்து:

“யாண்டு பலவாக நரையில வாகுதல்
யாங்கா கியரென வினவுதி ராயின்
மாண்ட என் மனைவி யொடு மக்களும் நிரம்பினர்
யான்கண் டனையரென் இளையவரும் வேந்தனும்
அல்லவை செய்யான் காக்கும் அதன் தலை
ஆன்றவிந் தடங்கிய கொள்கைச்
சான்றோர் பலர் யான் வாழு மூரே.” (புறம்: 191)

என்ற பாடல், குடும்பம், அரசாட்சி, பணியாட்கள், சமூகத்தில் வாழ்வோர் ஆகியோர் நாம் விரும்பிய படியே அமையின் முதுமை என்னும் சிதைவு நோய் வராது என்பதை உணர்த்துகிறது. இதிலிருந்து ஒருவருக்கு நோய் அணுகாமல் இருக்கக் குடும்பம், சமூகம், தனிமனிதன் ஆகியோரிடையே சீரான உறவு தேவை என்று காட்டும் புதிய சிந்தனை. தற்காலத்தில் உணரப்பட்டு புதிய துறையாக (Clinical Ecology வளர ஆரம்பமாகியுள்ளது வியக்கத் தக்கதாக உள்ளது.

இப்பாடலாசிரியர் நரைமுடி இல்லாமைக்குத் தெய்வத்தையோ, கிருமிகளையோ அல்லது பேய், பிசாசுகளையோ அல்லது மருந்துகளையோ கூற வில்லை என்பது குறிப்பிடத்தக்கது.

7. சர்க்கரை நோய் போக்கும் சிறுகுறிஞ்சான்

- உப்பிலியப்பன்

சிறு குறிஞ்சான் மூலிகை சர்க்கரை வியாதிக்கு மிகச்சிறந்த மருந்து. இது வேலிகளில் கொடியாக படரும். கசப்புச் சுவை உடையது. இலை சிறிதாகவும், முனை கூர்மையாகவும் மிளகாயிலை போன்று காணப்படும். மலையைச் சார்ந்த காடுகளில் இது அதிகம் வளர்கிறது. இத்தகைய தாவரங்களுக்கு சர்க்கரை கொல்லிகள் என்று தமிழில் சொல் வழக்கு உண்டு. முழுத்தாவரமும் மருத்துவகுணம் கொண்டது. இலைகள், விதைகள், வேர் மருத்துவ குணம் கொண்டவை.

செயல்திறன் மிக்க வேதிப்பொருட்கள்: ஜிம்னீமாவில் சபோனின் மற்றும் பாலிபெப்டைடுகள் பிரித்தெடுக்கப்பட்டுள்ளன. இலைகளில் ஜிம்னீமிக் அமிலம் மற்றும் குர்மாரின் காணப்படுகின்றன. இவை மட்டுமின்றி ஜிம்னமைன் என்னும் அல்கலாய்டும் காணப்படுகிறது.

சர்க்கரைக் கொல்லி : சமீப காலமாக இந்தியா மற்றும் ஜப்பானில் ஜிம்னீமா தொடர்பாக ஆய்வுகள் மேற்கொள்ளப்பட்டுள்ளன. இதன் விளைவாக நீரிழிவு நோயினை இயற்கையாக கட்டுப்படுத்த ஜிம்னிமா இலைகள் பெரிதும் பயனுள்ளவை என்பது கண்டறியப்பட்டுள்ளது. மருத்துவ ஆய்வுகளில் நீரிழிவு நோயினால் அவதிப்படுபவர்களுக்கு குறைவான இன்சுலின் தேவைப்படுவது தெரியவந்துள்ளது. இலைகள் நாக்கின் இனிப்பு சுவைமொட்டுக்களை தற்காலிகமாக செயல் இழக்கச் செய்து அதற்கான ஆர்வத்தினைத் தடுத்து செயல்படுவது கண்டுபிடிக்கப்பட்டுள்ளது.

இலைகள் மிக முக்கிய மருத்துவ பயன் கொண்டவை. நீரிழிவு நோயினை தடுக்க முக்கிய மருந்தாக இந்தியாவில் நெடுங்காலமாக பயன்படுத்தப்படுகிறது. இதிலுள்ள ஜிம்னீமிக் அமிலம் சர்க்கரைக்கான ஆசையினை கட்டுப்படுத்துகிறது.

நாவிலுள்ள உணர்ச்சி மொட்டுக்களை தற்காலிகமாக செயல் இழக்கச் செய்கிறது. மேலும் கணயத்தில் உள்ள செல்களை புத்துயிர்க்கச் செய்து இன்சுலின் சுரப்பினை மேம்படுத்துகி-றது. எடை குறைக்க உதவுகிறது.

விதைகள் வாந்தியினைத் தூண்டக் கூடியது. சளியினை போக்க வல்லது. வேர்ப்பகுதி இருமலுக்கு சிறந்த மருந்து. வயிற்று வலியினை போக்கி வலுவினைத் தருகிறது. குளு-மைப் படுத்தும் செயல் கொண்டது. சிறுநீர் போக்கினை தூண்ட வல்லது. மாதவிடாயினை தடுக்கக்கூடியது. வயிற்று வலியினை போக்க உதவுகிறது. சிறுகுறிஞ்சான் இலையை நிழலில் காயவைத்து இடித்து தூள் செய்து சலித்து வைத்-துக்கொண்டு சர்க்கரை வியாதி உள்ளவர்கள் நெய்யில் குழைத்து சாப்பிட்டால் சிறுநீரில் சர்க்கரையின் அளவு குறைந்து நாளைடைவில் நோய் முற்றிலும் குணமடைந்து விடும்.

விஷக்கடி போக்கும் : வண்டு, பூரான், செய்யான் செவ்-வட்டை முதலியவற்றின் விஷங்கள் உடலில் தங்கினால் அதன் மூலம் பலவித வியாதிகள் வரும். இதற்கு சிறுகு-றிஞ்சான் இலையில் மிளகு 5 வைத்து அரைத்து சுண்-டக்காய் பிரமாணம் இருவேளை சாப்பிட்டால் அனைத்து விஷ ரோகமும் போய்விடும். ஆனால் விடாமல் ஒரு மண்-டலம் சாப்பிட வேண்டும். கடுகு, புளி சேர்க்காமல் பத்தி-யம் இருக்க வேண்டும். உடல்மேல் வரும் தடிப்பு, பத்து, படை, இவைகளுக்கு இதன் இலையை அரைத்து பூசி வர அவை மறைந்துவிடும். ரத்தத்தை சுத்தம் செய்து உடலை வனப்பாக வைக்கும். (Gymnema) நீரிழிவு உள்ளவர்கள் சக்கரைகொல்லி எனப்படும் சிறுகுறிஞ்சா இலையை உண்-பதாலும் நிவாரணம் பெறலாம். இது இன்சுலின் என்னும் ஓமோன் சுரக்கப்படுவதைத் தூண்டி இரத்தத்தில் குளுக்கோ-சின் அளவு அதிகரிப்பதைக் கட்டுபடுத்த உதவுகிறது. சிறு-குறிஞ்சா 2,3 இலையைக் காலையில் பச்சையாகச் சப்பிச் சாப்பிடலாம். கறியாக அல்லது வறை செய்தும் உண்ண-லாம்.

8. சித்தாவுக்கு முன்பாகவே இராவணன் உருவாக்கிய சிந்தாமணி மருத்துவம்

- சு. நரேந்திரன்

உலக உயிர்கள் உடலும் உள்ளமும், நலம் பெற்று வாழப் பயன்படும் பொருள் மருந்து. இவ்வகை மருந்துகளைக் காலந்தோறும் தோன்றிய சான்றோர்கள் பதிவு செய்து வைத்துள்ளனர்.

படித்தவர்கள், அனுபவம் மிக்கவர்கள் தயாரித்த மருந்து-களும் உண்டு. வீட்டில் இருக்கும் உணவுப் பொருள்களை மருந்தாக்கும் பாட்டி வைத்தியமும் நாட்டு மக்களிடையே இன்னும் இருப்பது குறிப்பிடத்தக்கன.

மருந்தே உண்ணாமல், நோய் தடுக்கும் முறைகளும் நாட்டில் இருந்துள்ளன. நூறாண்டு காலம் வாழும் முறையை வாய்ப்பாடாக நம் முன்னோர் படைத்துள்ளனர்.

ஓரடி நடவேன் (உச்சி வெயில்)

ஈரடிக் கிடவேன் (ஈரமான தரை)

இருந்து உண்ணேன் (உண்ணும் அளவுமுறை)

கிடந்து உறங்கேன் (உறக்கம் வந்தபின் உறங்கும் நிலை)உயிரைக் கவருபவனைக் கட்டிப்போடும் ஆற்றல் மனிதனுக்கு உண்டு என்பதான மருந்தில்லா மூச்சுப் பயிற்-சியை,

விட்ட எழுத்தால் விடாத எழுத்தால் கட்டவல்லார்
காலனைக் கட்டவல்லார்

என்று நுணுக்கமாகத் திருமூலர் கூறியுள்ளார்.

வாயடக்க வாழ்வு: மூச்சடக்க முத்தி

என்ற மரபுத் தொடர் மருந்தில்லாமல், நோய் அண்டா-மல், வாழும் வழியைக் கூறுகின்றது. நோயை மருந்தால் தீர்த்துவிடலாம்; பிணியை நீக்க முடியாது. பிணித்துக் கொள்ளும் என்பது முன்னோர் கண்ட முடிவு.

பிறப்பு - பிணி

காமம் - பிணி

பசி - பிணி

இவை மூன்றையும் தவிர்க்க முடியாததால் பிணி என்ற சொல்லைப் படைத்துள்ளனர்.

இன்றைய உலகில் ஏராளமான மருத்துவமுறைகள் பல சான்றோர்களால் பதிவு செய்யப்பட்டுள்ளன. சித்த மருத்துவம், மூலிகை வைத்தியம், வீட்டு வைத்தியம் என மக்களின் நோய்களைத் தீர்க்கக் கூடியதாக நமது பாரம்பரிய மருத்துவ முறைகள் இருந்துள்ளன. இருப்பினும், சித்த மருத்துவத்திற்கு மிகவும் முந்தைய காலத்தில் தமிழர்களின் மருத்துவ முறையாக இருந்தது இராவண சிந்தாமணி மருத்துவம்தான். இந்த சிந்தாமணி மருத்துவம் இராவணன் உருவாக்கிய மருத்துவ முறையாகும். வரலாற்றில் சித்தரிக்கப்பட்ட காமுக இராவணனின் கதாபாத்திரமே நம்மில் பெரும்பாலோருக்கு கண்முன் வந்து நிற்கும்.

இராவணன் மருத்துவம் தவிர இசை, வானியல், அரசியல். மனோதத்துவம், மந்திரம், ஜோதிடம், அறிவியல், ஓவியம், இலக்கியம் முதலான பத்துக்கலைகளில் நிகரற்று விளங்கியதால் 10 தலை இராவணன் எனக் கூறுவோரும் உண்டு.

மக்கள் நலமாக வாழ ஆய்வு செய்து நோய்வரும் காரணம், அதன் பெயர்கள், தீரும் நோய் வகைகள், தீரா நோய்ப் பிரிவுகள், அதன் குணங்கள், அதற்குரிய மருத்துவம் மற்றும் பொது மருந்துகள் ஆகியவைகளை “நீ தானம்”, எனப் பெயரிட்டு இராவணன் நீ சிந்தாமணி மருத்துவம் என்னும் நூலைப் படைத்திருப்பது குறிப்பிடத்தக்கது.

இராவண மருத்துவத்திற்குப் பின்னர் தோன்றிய சித்த மருத்துவத்தில் அக மருந்துகள் 32, புற மருந்துகள் 32 தான் உள்ளன. ஆனால் இராவண சிந்தாமணி மருத்துவத்தில் புற மருத்துவ முறைகள் 74. மேலும் அக மருத்துவங்கள் 60க்கும் மேலும் கூறப்பட்டுள்ளன. மயங்கிய நிலைக்குக் கூட மருத்துவம் இதில் கூறப்பட்டுள்ளது.

சிந்தாமணி மருத்துவத்தில் மூலிகை குறைவாகவும், கடைச்சரக்குகளின் பொருள் பண்பு ஆகியவை விளக்கமாகக் குறிப்பிடப்பட்டுள்ளது. இத்துடன் மூலிகை அகவழி எனும் மிகப் பெரிய நிகண்டும் உள்ளது. மேலும் மருந்தில்லா மருத்துவ முறையான தொடுவர்ம சிகிச்சை, தட்டுவர்ம சிகிச்சை, வர்ம அடங்கல் முறைகளும் இதில் அடங்கி உள்ளன. மொத்தத்தில் இராவணன் 27 நூல்களைப் படைத்துள்ளார் என்பது குறிப்பிடத்தக்கது.

சித்தர் மருத்துவ முறைகளில் திடீர் விபத்துக்கான வர்ம சிகிச்சை முறைகள் இல்லை. ஆனால் சிந்தாமணியில் விபத்துக்கான சிகிச்சை முறைகள் பதிவு செய்யப்பட்டுள்ளன. முதுகெலும்பு வளைவு, இடுப்பு எலும்பு தேய்மானம், எலும்பு முறிவு, மூளை இரத்தக்கசிவு போன்ற நோய்களுக்கும் இராவண மருத்துவம் தீர்வு சொல்லி இருப்பது குறிப்பிடத்தக்கது.

குழந்தை மருத்துவத்துக்காக, “மதலை வாகடம்”, என்ற மருத்துவ நூல் இராவணனின் படைப்பு. இதுபோல் இராவணன் படைத்த நாடி நூல் வடமொழியில் “சிறீ இராவணா நாடி ஹிருதா” என்று வெளிவந்துள்ளது. இந்நூலை தமிழில் மொழி பெயர்த்து சென்னை புதிய புத்தக உலகம் என்ற பதிப்பகம் “இராவண நாடி பரிட்சை” என்ற பெயரில் வெளியிட்டுள்ளது.

இதேபோல் இரா. வாசுதேவன் பதிப்பித்திருக்கும் மற்றொரு நூல் இரச ராச சிந்தாமணி. இந்நூல் முழுக்க முழுக்க இரசத்தை மூலப்பொருளாகக் கொண்ட மருந்துகளைப் பற்றிக் கூறும். சுமார் 120 ஆண்டுகளுக்கு முன்பு தமிழ், மலையாளம். சமஸ்கிருதம் ஆகிய மூன்று மொழிகளிலும் இந்நூல் எழுதப்பட்டிருக்கிறது.

தீநீர் அர்க்க பிரஹாநீர் எனும் இராவணன் எழுதிய பலநூறு ஆண்டுகளுக்கு முந்தைய நூல் மூலிகையிலிருந்து சத்தைப் பிரித்தெடுக்கும் முறையை விவரிக்கிறது. இது ஹோமியோ டாக்டர் ஹானிமேனின் மருத்துவ முறையை

ஒத்தது. ஆனால் இராவணின் அர்க்க வைத்திய முறையில் எந்த மூலிகைகளோ, மருத்துவப்பொருட்களோ ஆல்கஹா-லில் ஊற வைக்கப்படுவதில்லை. ஆனால் நேரடியாக அந்த மருந்துப் பொருள்களில் இருந்து தயார் செய்யப்பட்ட மருந்-துப் பொருள்களின் சத்து மட்டும் பிரித்தெடுக்கப்படுகிறது. இவைகளை ஆங்கில மருந்துகள் போல் நீண்ட காலம் பாதுகாக்க இயலும். இதுபோன்ற மருந்துகள் உட்புற பயன்-பாட்டிற்காக நறுமணத் தாவரங்களில் இருந்து வடிகட்டி-களைப் பிரித்தெடுப்பதற்கான நிலையான இயக்க முறை-களை இந்நூல் விவரிக்கிறது. இதுபோல் மூலிகை வேர்-களின் சக்திகளையும், அவற்றின் மூலம் குணப்படுத்தும் நோய் சிகிச்சை முறைகளையும் அர்க்க சாஸ்த்ரா என்ற நூல், காயங்களை உடனடியாகக் குணப்படுத்தக்கூடிய சிந்து-ரம், மருத்துவம். அத்தியாவசிய எண்ணெய்களின் பல்வேறு சிகிச்சைகளைப் பற்றியும் கூறுகிறது.

தமிழ் மருத்துவ முறைகளில் சூரணம், செந்தூரம், பஸ்-பம், தைலம், மூலிகை என்று பல முறைகள் பயன்பாட்டில் இருந்தாலும் அர்க்கம் எனும் மருந்தின் சத்தைப் பிரித்து எடுத்துப் பயன்படுத்தும் முறை தீங்கற்றது. அதேசமயம் வீரி-யம் கொண்டதாகக் கூறப்படுகிறது.

இப்பொருட்களில் ஆல்கஹால் ஊற்றி வைக்கப்படுவ-தில்லை. ஆனால் அந்த மருத்துவப் பொருட்களையே அர்க்கமாக்கும் அதாவது வாட்டி எடுத்துப் பாதுகாக்கிறது. அதையே, “ஒலியோரெசின்”, அல்லது “எஸ்ஸென்சியல்” ஆயில் எடுக்கும் முறை என்கிறது, இப்போதைய விஞ்ஞா-னம்.

இந்நூல்களைத் தவிர ஆண், பெண்களின் உடல் ரீதி-யான வெளிப்படையான நோய்களுக்கும், பிறப்புறுப்பில் ஏற்-படும் நோய்களுக்கும், அதற்குண்டான மருத்துவ முறைக-ளைக் கூறும் அர்க்க பரிக்ஷா என்ற நூலையும் மனித உடம்பிலுள்ள நரம்புகளைப் பற்றிய சிகிச்சை முறைகளைக் கூறும் “நாடிப்ரிக் ஷா, நாடி விஜன்னா” ஆகிய நூல்களை-

யும் இராவணன் படைத்துள்ளார்.

அவர் தனது அறிவார்ந்த படைப்புகளின் சிறந்த தொகுப்பான "இராவண சம்ஹிதா" என்ற மருத்துவ நூல் குறிப்பிடத்தக்கது. இது ஆயுர்வேத அறிவியலைப் பற்றி பேசுகிறது.

மேலும், மனிதர்கள் தங்களது உடம்பை எப்போதும் நலமாக வைத்துக் கொள்ள ஒரு சில மருந்துகளைத் தினமும் எடுத்துக் கொள்ள வேண்டும் என்றும் இராவணன் தன் மருத்துவ முறையில் கூறியுள்ளார். நாம் உண்ணும் உணவில் மூன்று பொருட்களையும் அவற்றுடன் ஐந்து வேர்களையும் சேர்த்துக் கொள்ள வேண்டும் என்கிறார்.

இதனை, "தூணபகா" என்பர். "து" என்றால் மூன்று. "பகா" என்றால் ஐந்து. அம்மருந்துப் பொருள் வேறொன்றுமல்ல. தமிழர்களின் உணவுப்பொருட்களில் முக்கிய பங்கு வகிக்கும் குறுமிளகு, இஞ்சி, பூண்டு இம்மூன்றும்தான். ஐந்து வேர்கள் கண்டங்கத்திரி, சிறுநெருஞ்சி, சிறு வழுதுணை, சிறுமல்லி, பெருமல்லி ஆகும். இதனைச் சிறு பஞ்சமூலம் என்பர். இலங்கையில் இன்றும் இந்த உணவுப் பழக்கம் பின்பற்றப்பட்டு வருகிறது. மேலும் கொத்தமல்லி, சீரகம், கருஞ்சீரகம், கருவாப்பட்டை (இலவங்கப்பட்டை), மிளகு என இந்த ஐந்து பொருட்களையும் உணவில் சேர்த்துக் கொள்ள வேண்டும் என்றும் இராவணன் கூறுகிறார்.

வடமாநிலங்களில் தற்போதும் "சீதாஹோலி" என்ற உணவுப் பண்டத்தைக் குழந்தைகளுக்குக் கொடுப்பது வழக்கம். குழந்தைகளுக்கு வயிற்றுப்போக்கு ஏற்படும்போது சத்துக்குறைபாட்டைப் போக்கி இந்த சீதாஹோலியை உண்ணக் கொடுப்பார்கள். இதுவும் இராவணன் தயாரித்தது.

இராவணனின் சிந்தாமணி மருத்துவமுறையில் தமிழகத்தின் தென் எல்லையான கன்னியாகுமரியில் இன்றளவும் சிந்தாமணி வைத்திய சாலைகள் இயங்கி வருகின்றன.

அண்மைக் காலத்தில் இராவண மருத்துவம் குறித்து ஆய்வு செய்து நடைமுறைப்படுத்தி வருபவராகிய குழித்துறை மருத்துவர். கொ.பா. புட்பராசு, இராவணன் சுகாதாரக்

களஞ்சியம், நச்சு முறிவு மருத்துவம், தமிழ் மருத்துவத் தொக்கன முறைகள், அவசரக்கால புற மருத்துவ முறைகள், மங்கையர் மருத்துவம் ஆகிய நூல்களை பதிப்பித்து வெளி-யிட்டுள்ளார். மேலும் இவருடைய முயற்சியில் மதுமேக நிதானம், மஞ்சள் காமாலை ஆகிய நூல்கள் வெளிவந்-துள்ளன.

இவைகளுடன் பல நோய்களுக்கான பயிற்சியும் அளிக்-கிறார் என்பதும் குறிப்பிடத்தக்கது.

இதில் குறிப்பிடத்தக்கது இவர் சிந்தாமணி மருத்துவத்-திற்கும் சித்த மருத்துவத்திற்கு மிடையேயுள்ள வேற்றுமை ஒற்றுமைகளை பட்டியிலிடுகிறார். அதில் மிக முக்கியமான வேற்றுமைகள் சிந்தாமணி மருத்துவம் பிறமொழி கலவாது தூய தனித்தமிழ் மொழியில் இயற்றப்பட்டது. உள்ளதை உள்ளபடியே அறிவியல் முறையில் இயற்றப்பட்டுள்ளது. தமிழர்களின் மருத்துவ அறிவியல் கலையில் இது முதற்-கட்ட மற்றும் இரண்டாம் கட்ட மருத்துவமாகும். உலகில் முதன் முதலாக அறுவை மருத்துவத்தை அறிமுகம் செய்த மருத்துவமாகும். எலும்பு முறிவு, நரம்பு சிகிச்சை முறைகள் நூல் ஆதாரத்துடன் முறையாக உள்ளன. கடல் கொண்ட குமரிக் கண்டத்தோடு சேர்ந்த யாழ்ப்பாணத்தில் தோன்றிய ஒரு தனித்தமிழ் மருத்துவ அறிவியல் கலை. அவசர, நாட்-பட்ட நோய்களுக்கான பரிகாரங்கள் உள்ளன. பாம்பின் நச்சு நேரடியாகச் சென்னீரில் கலப்பதால் நச்சு முறிவு மருந்தை நேரடியாக உதிரத்தில் செலுத்தும் முறை உள்ளது என்று கூறும் இம்மருத்துவர் இத்துடன் பல வேற்றுமைகளையும் பட்டியலிட்டுள்ளார்.

இவருடைய கூற்றுப்படி இராவணன் எழுதிய இந்த சிந்-தாமணி மருத்துவ முறையே குமரி மாவட்ட ஆசான்களால் பின்பற்றப்பட்டு தற்போதைய சித்த மருத்துவமாக உருப்-பெற்றது என்றும், இப்போதும் நெல்லையில் செய்யும் சித்த மருத்துவ முறைகளில் இருந்து மாறுபட்டது குமரி மாவட்ட ஆசான்கள் பின்பற்றும் சித்த மருத்துவம் என்றும் தெரிவித்-துள்ளார்.

இராவண மருத்துவ முறைகள் வட இந்தியாவில் நடைமுறையில் உள்ளதால் “இராவண சம்ஹிதா” என்னும் பெயரில் இரு பெரும் பிரிவாகத் தொகுக்கப்பட்டு, வடமொழியில் இந்நூல் வெளிவந்துள்ளது. இதுமட்டுமின்றி இராவணன் உருவத்தை அட்டைப் படமாகக் கொண்ட பல மருத்துவ நூல்களும் இந்தியில் வெளிவந்துள்ளன.

இந்தியில் இராவணன் மருத்துவம் வெளிவந்தது போல் சிங்களம், மலையாளம், தெலுங்கு ஆகிய மொழிகளிலும் வெளிவந்துள்ளது என்பது குறிப்பிடத்தக்கது.

முடிவுரை - இராவணனின் மருத்துவப் பங்களிப்புகள் குறித்து வரலாற்று ஆய்வாளர்கள் ஆய்வு செய்ய வேண்டும். தமிழகத்தில் அழிந்து வரும் இம்முறை சில இடங்களில் மட்டுமே உள்ளது. தமிழக அரசு சித்த மருத்துவக் கல்லூரி பாடத்திட்டத்தில் இதனைச் சேர்க்க இம்முறை சிறந்ததாக உள்ளதா? என்பதைச் சீர்தூக்க ஒரு குழு அமைக்க வேண்டும். மேலும் இராவணன் எழுதிய நூல்களைத் திரட்டி ஆராய்ந்து வெளிவர முயற்சிகளைத் தொடங்க வேண்டும். அப்போது நம் தமிழ் மருத்துவம் மேலும் சிறக்கும் என்பதில் ஐயமில்லை.

9. ஆரோக்கியம் தரும் மூலிகைக் குடிநீர்

நோயில்லாத வாழ்வே சிறப்பான வாழ்க்கையாகும். இத்தகைய வாழ்வு வாழ நாம் கடைப்பிடிக்க வேண்டியது சுகாதாரமே... சுகாதாரம் என்பது உண்ணும் உணவு முதல் உடுத்தும் உடை வரை எல்லாமே அடங்கும். அதுபோல், உடலும், மனமும் நன்றாக இருந்தால் அதுவே ஆரோக்கியமாகும்.

இன்றைய சூழலில் குடிநீர், உணவு, இருப்பிடம், காற்று என அனைத்தும் மாசுபட்டுக் கிடக்கின்றன. இந்தியா போன்ற வளரும் நாடுகளில் குடிநீரினால் உண்டாகும் நோய்களே மக்களை அதிகம் பாதிப்பதாக ஆய்வறிக்கைகள்

தெரிவிக்கின்றன. பிளாஸ்டிக் பாட்டில்களில் அடைத்து விற்கும் நீர் கூட சுத்தமானது என்பதை உறுதி செய்ய முடியாது. இவைகள் பெரும்பாலும் இரசாயன வேதிப் பொருட்கள் கலந்ததாக உள்ளன. இவற்றை அருந்துவதால் பல நோய்களுக்கு இதுவே அஸ்திவாரமாக அமைந்து விடுகிறது. இதனால் நன்கு சுத்தமான நீரை அருந்தவேண்டும். உணவின் மூலமும், நீரின் மூலமும் நோய் தடுக்கும் மருந்துகளை உட்கொள்ள சித்தர்கள் வலியுறுத்தியுள்ளனர்.

அதில் வெறும் குடிநீரை அருந்துவதைவிட சித்தர்கள் கண்டறிந்து கூறியுள்ள மூலிகைக் குடிநீரை அருந்தினால் உடலுக்கு கிடைப்பது மட்டுமின்றி நோயும் தடுக்கப்படும்.

அந்த வகையில் ஆவாரம்பூ குடிநீர், கரிசாலை குடிநீர், நன்னாரி குடிநீர்,துளசி குடிநீர், வல்லாரை குடிநீர், சீரகக் குடிநீர், நெல்லிப்பட்டைக் குடிநீர், மாம்பட்டைக் குடிநீர், ஆடாதோடைக் குடிநீர் போன்றவை அடங்கும்.

ஆவாரம்பூ குடிநீர் :

“ஆவாரை பூத்திருக்க
சாவாரைக் கண்டதுண்டோ...”

என்ற மருத்துவப் பழமொழி உண்டு. ஆவாரம்பூ எண்ணற்ற மருத்துவ குணங்களைக் கொண்டது. இது நோய்களைக் குணப்படுத்துவதால் நோயினால் மனிதன் இறப்பதை தடுக்கிறது. இன்றைய உலக மக்கள் தொகையில் பாதிபேர் சர்க்கரை நோயால் அவதிப்படுகின்றனர். இந்த சர்க்கரை நோயைக் கட்டுப்படுத்தும் குணம் ஆவாரைக்கு உண்டு. மேலும் மேனிக்கு தங்க நிறத்தைக் கொடுக்கும் தங்கநிறப் பூவும் இதுதான்.

நீரில் ஆவாரம் பூக்கள் அல்லது காயவைத்த ஆவாரம்பூ பொடி சேர்த்து கொதிக்க வைத்து வடிகட்டி, குடிநீராக அருந்தி வரலாம்.

இது உடல் சூடு, பித்த அதிகரிப்பு, நீர்க்கடுப்பு, அதிக உதிரப்போக்கு, ஒழுங்கற்ற மாதவிடாய், குடற்புண் வயிற்றுப்புண் போன்றவை நீங்கும்.

நீரிழிவு நோயாளிக்கு இது மிகவும் சிறந்த மூலிகைக் குடிநீர் ஆகும்.

இரத்தத்தைச் சுத்தப்படுத்தும், உடலில் உள்ள தேவையற்ற கழிவுகளை வியர்வை மூலம் வெளியேற்றி,சருமத்திற்கு மினுமினுப்பைக் கொடுக்கும்.

பெண்களுக்கு உண்டாகும் வெள்ளைப் படுதலை அறவே நீக்கும்.

இதனைத் தொடர்ந்து அருந்திவந்தால், உடலை நோயின்றி ஆரோக்கி யமாக வைத்துக் கொள்ளலாம்.

துளசி குடிநீர் : துளசி நமக்கு அருமருந்தாகும்.துளசி இலையுடன் சீரகம் சேர்த்து நீரில் கொதிக்க வைத்து குடிநீராக அருந்தி வந்தால் உடலுக்கு பல நன்மைகள் உண்டு.

அடிக்கடி வெளியூர் பயணம் செய்பவர் களுக்கும், வெயில் மற்றும் மழைக்காலங்களில் அலைந்து திரிபவர்களுக்கு துளசி குடிநீர் அருமருந்தாகும். இது உடற்சூடு, பித்தம் போன்றவற்றைத் தணிக்க கூடியது.

டைபாய்டு, மஞ்சள்காமாலை, மலேரியா, காலரா நோய்கள் ஏற்படாமல் தடுக்கும். தொண்டைச்சளி, வறட்டு இருமல், புகைச்சல், தலையில் நீர் கோர்த்தல், அடிக்கடி தும்மல் போன்றவற்றைப் போக்கும். இரத்தத்தில் உள்ள சளியை நீக்கி இரத்தத்தை சுத்தப்படுத்தும்.

வல்லாரை குடிநீர் :எல்லா நோய்களுக்கும் கொடுக்கப்படும் மருந்தில் முதல் மருந்தாகவும், துணை மருந்தாகவும் இருப்பது வல்லாரை.

இதனை சரஸ்வதி மூலிகை என்று அழைக்கின்றனர். இது மூளைக்கும், அதன் செயல்பாட்டிற்கும் அதாவது அறிவுத் திறனுக்கும், ஞாபக சக்திக்கும் ஏற்ற மூலிகையாகும். காயவைத்த வல்லாரை பொடியை நீரில் போட்டு கொதிக்க வைத்து அனைவரும் அருந்தலாம்.

இது ஞாபக சக்தியைத் தூண்டுவதுடன், பித்த அதிகரிப்பைக் குறைக்கும். இரத்தத்தில் ஏற்படும் இரும்புச் சத்துக் குறைபாட்டைப் போக்கி இரத்தச் சோகையை நீக்கும். நரம்புகளுக்கு புத்துணர்வு கொடுக்கும். தொழுநோய், யானைக்

கால் நோய், மூலம், மூட்டுவலி போன்றவற்றிற்கு சிறந்த மருந்தாகும்.

கரிசாலை குடிநீர் :

"ஏர்தரும் ஆன்ற கரிசாலையால்
ஆன்மா சித்தி"

என்றார் வள்ளலார் இராமலிங்க அடிகள். அத்தகைய சிறப்பு வாய்ந்த கரிசாலை கண்களுக்கு ஒளியையும் உடலுக்குத் தேவையான இரும்புச் சத்தையும் தரக்கூடியது.

வெள்ளை கரிசாலை இலைச் சூரணம் 200 கிராம் எடுத்து அதனுடன் முசுமுசுக்கை இலை 35 கிராம், நற்சீரகத்தூள் 35 கிராம் அளவு சேர்த்து கொதிக்க வைத்து தேவையான அளவு பனங்கற்கண்டு அல்லது பனைவெல்லம் கலந்து காலை, மாலை தேநீருக்குப் பதிலாக அருந்தலாம். அல்லது, கரிசாலையுடன் நற்சீரகம் சேர்த்துக் கொதிக்க வைத்து குடிநீராகவும் அருந்தலாம்.கரிசாலை இரத்த சோகையைப் போக்கக் கூடியது. இரத்தத்தில் கலந்துள்ள தேவையற்ற நீர்களை வெளியேற்றும் தன்மை கொண்டது. இரத்தத்தில் உள்ள பித்தத்தைக் குறைக்கும். இரத்தக் கொதிப்பு, காசநோய், எலும்பு தேய்மானம் போன்றவை ஏற்படாமல் தடுக்கும்.

சீரகக் குடிநீர் :

சீர் + அகம் = சீரகம். அகம் என்னும் உடலை சீர்படுத்துவதே சீரகத்தின் சிறப்பான குணமாகும்.

சீரகத்தை நீரில் கொதிக்க வைத்து வடிகட்டி ஆறிய நீரை தினம் பருகி வருவது நல்லது.

இது உடற்சூட்டைத் தணிக்கும். பித்தத்தைக் குறைக்கும்.

ரத்தத்தில் உள்ள தேவையற்ற பொருட்களை நீக்கி, ரத்தத்தைச் சுத்தப்படுத்தும். வியர்வை மற்றும் சிறுநீரைப் பெருக்கும்.

கண் சூடு குறைக்கும். வாய்ப்புண் வயிற்றுப் புண்ணைப் போக்கும்.

சரும நோய்கள் வராமல் தடுக்கும். இதயத்திற்கு இதமான குடிநீர்தான் சீரகக் குடிநீர்.

மாம்பட்டைக் குடிநீர் : மாம்பட்டையை இடித்து நீரில் கொதிக்க வைத்து குடிநீராக்கி அருந்தினால், நரம்புகள் பலப்படும், உடல் சூடு தணியும், சரும நோய்கள் ஏற்படாமல் தடுக்கும். பித்தத்தைக் குறைக்கும்.அஜீரணக் கோளாறை நீக்கும்.

நெல்லிப்பட்டைக் குடிநீர் : நெல்லி மரப் பட்டையை காயவைத்து இடித்து பொடியாக்கி குடிநீரில் இட்டு காய்ச்சி அருந்துவது நல்லது.

இது ஆஸ்துமா, சளி, இருமல், வறட்டு இருமல், தொண்டைக்கட்டு, நுரையீரல் சளி, இரத்தச் சளி போன்றவற்றைப் போக்கும். ரத்தத்தைச் சுத்தப்படுத்தும். உடல் சூட்டைத் தணிக்கும். குடல் புண்களை ஆற்றும். மூலநோய்க் காரர்களுக்கு மூலநோயின் பாதிப்பைக் குறைக்கும்.

ஆடாதோடைக் குடிநீர் : ஆடாதோடை இலைகளை சிறியதாக நறுக்கி தேன் விட்டு வதக்கி நீரில் போட்டு கொதிக்க வைத்து குடிநீராக அருந்தி வந்தால், சளி இருமல், கோழைக்கட்டு, நாள்பட்ட நெஞ்சுச் சளி, மூக்கில் நீர் வடிதல், நுரையீரல் சளி போன்றவை நீங்கும். வாந்தி, விக்கல் போன்றவை குணமாகும். சைனஸ், ஆஸ்துமா நோயால் பாதிக்கப்பட்டவர் களுக்கு இது சிறந்த மருந்து.

10. இனிக்கும் ஒயினில் கசக்கும் மூலிகை

- மு. குருமூர்த்தி

பண்டைய எகிப்து ஜாடிகளில் ஆல்கஹால் பானங்களுடன் மூலிகை மருந்துகள் சேர்க்கப்பட்டிருப்பதாக கண்டறியப்பட்டுள்ளது. தெற்கு எகிப்து பகுதியில் உள்ள ஜீபெல் அட்டா என்னும் பகுதியில் கி.பி 300 க்கும் கி.பி 500 க்கும் இடைப்பட்ட காலத்தைச்சேர்ந்த ஒரு பழமையான ஒயின் ஜாடி கண்டுபிடிக்கப்பட்டுள்ளது. ஜாடியின் உட்புற

படிவுகளை வேதியியல் பகுப்பாய்வு செய்தபோது ரோஸ்மேரி மற்றும் பைன் மரத்தின் பிசின் படிவுகள் காணப்பட்டன. தற்காலத்தில் நாம் மருந்துடன் ஒரு ஸ்பூன் சர்க்கரை சேர்த்துக் கொடுப்பதுபோல் பழங்கால எகிப்தியர்கள் சர்க்கரைக்குப் பதிலாக ஒயின் சேர்த்திருப்பதை அறிய முடிகிறது.
Proceedings of the National Academy of Sciences தன்னுடைய ஏப்ரல் 13 ஆம் தேதியிட்ட இதழில் இந்த தகவலை வெளியிட்டுள்ளது. கி.மு.1850 ஐச்சேர்ந்த எகிப்திய காகித சுவடிகளில் பல்வேறு நோய்களுக்கு மூலிகைகளுடன் ஒயின் கலக்கப்பட்டு கொடுக்கப்பட்டதாக இலக்கியச்சான்றுகள் உள்ளன. ஆனால் அந்த ஆரோக்கிய பானத்தின் சிறுதுளிகூட இதுவரை கிடைக்கப்பெறாமல் இருந்துவந்தது.
பென்சில்வேனியா பல்கலைக்கழகத்தைச்சேர்ந்த ஆய்வாளர்கள் இது ஒரு அரிய கண்டுபிடிப்பு என்கின்றனர். இந்த ஆய்வில் இரண்டு புராதனமான ஜாடிகள் ஆராயப்பட்டன. முதல் ஜாடி கி..மு.3150 ஐச்சேர்ந்தது. எகிப்தின் மேற்குப்பகுதியில் உள்ள அபிடோஸ் என்னும் இடத்தில் கண்டுபிடிக்கப்பட்டது. இரண்டாவது ஜாடி கி.பி. நான்காவது நூற்றாண்டிற்கும் ஆறாவது நூற்றாண்டிற்கு இடைப்பட்ட காலத்தைச்சேர்ந்தது. தெற்கு எகிப்தின் ஜீபெல் அட்டா என்னும் இடத்தில் கண்டுபிடிக்கப்பட்டது. எகிப்தியர்களின் முந்தைய மற்றும் பிந்தைய கலாச்சாரத்தை சோதித்தறிய இந்த மாதிரிகள் உதவுவதாக ஆய்வாளர்கள் கூறுகின்றனர்.
இந்த ஜாடிகளில் ஒயின் இருந்ததை நிரூபிக்க liquid chromatography tandem mass spectrometry என்னும் தொழில் நுட்பத்தை ஆய்வாளர்கள் பயன்படுத்தினர். இதன்மூலம் ஜாடிகளின் உட்புறத்தின் படிவுகளை ஆராயமுடியும். ஆய்வின் முடிவில் ஒயின் இருந்ததற்கு ஆதாரமாக டார்டாரிக் அமிலத்தின் சுவடுகள் தெரியவந்தன. அடுத்ததாக solid phase microextraction என்னும் தொழில்நுட்பத்தைப்பயன்படுத்தி ஆராய்ந்தபோது ஜாடியில் இருந்த படிவுகளில் மூலிகைகளின் சேர்மங்கள்

இருப்பது கண்டறியப்பட்டுள்ளது, அபிடோஸ் ஜாடியில் கொத்துமல்லி, புதினா, sage, பைன் மரப்பிசின் ஆகியவை காணப்பட்டன. ஜீபெல் அட்டாவில் கண்டுபிடிக்கப்பட்ட ஜாடியில் பைன் மரப்பிசினும் ரோஸ்மேரியின் படிவுகளும் காணப்பட்டன.

இந்த ஆய்வுகள் தொடர்ந்து நடைபெற்று வருவதாகவும் புதிய தொழில் நுட்பங்களைப் பயன்படுத்தி ஆய்வுகளை செய்யும்போது இந்த மூலிகைகளைப் பற்றிய கூடுதல் விவரங்கள் தெரியவரும் என்கிறார் இந்த திட்டத்தின் ஆய்வாளர் பேராசிரியர் மெக் காவர்ன்.

11. தீயப் பழக்கம் விடுவோம் மூலிகை மகத்துவம் அறிவோம்

இன்று இளம் வயதில் இருந்தே பலரும் பலவகையில் போதைப் பொருட்களைப் பயன்படுத்துவது என்பது மிகவும் வருந்தத்தக்க ஒன்றாகும்.

பீடி, சிகரெட், போதை தரும் பாக்கு வகைகள், உடல் மற்றும் மூளையினை மயங்கிய நிலைக்குக் கொண்டு செல்லும் மதுபான வகைகள் சிறிது சிறிதாக நமது உடலை மயக்கத்தில் ஆழ்த்தி, கடைசியில் நிரந்தர மயக்க நிலைக்குக் கொண்டு சென்றுவிடும். பிறகு ஆழ்ந்த மயக்கத்துடன் இருக்கும் சூழ்நிலையை உருவாக்கி, உள்ளுறுப்புகளும் சோர்வுற்று செயல்பாடு இழந்துவிடும்.

அரிது அரிது மானிடராய்ப் பிறத்தல் அரிது, அதனினும் அரிது கூன், குருடு, பேடு நீங்கிப் பிறத்தல் அரிது என்று அவ்வை பிராட்டியார் கூறியிருக்கிறார்கள். ஆனால் நல்ல நிலையில் பிறந்த நாம், நம் தவறான பழக்கவழக்கங்களால் நம் உடல் நலத்தை கெடுத்துக் கொள்கிறோம்.

அளவுக்கு மீறிய போதைப் பொருட்களைச் சிறு வயது முதல் பயன்படுத்தும் நபர்களுக்கு திருமண வயது வரும் சமயத்தில் ஒரு விதமான அச்சமும் பயமும் ஏற்படுவதுடன், ஆண்மைக் குறைவு, விந்தணுக்கள் குறைவு, சோர்வான

விந்தணுக்கள், நரம்புத் தளர்ச்சி, உடல் நடுக்கம் போன்றவை உண்டாகிறது. இதன் விளைவு திருமணம் ஆனாலும் கூட இல்லற வாழ்விற்குத் தகுதியற்றவர்களாக ஆகி விடுவதுடன் அவர்கள் மூலம் பிறக்கும் குழந்தையும் பிறவி ஊனத்துடனோ, கடுமையான மூளை வளர்ச்சி குன்றிய குழந்தையாகவோ அல்லது எதிர்ப்பு சக்தியற்ற குழந்தையாகவோ பிறக்க வாய்ப்பு அதிகம்.

ஆகவே நம் உடலியக்கம் நன்றாக நடை பெறுவதற்கு நம் நல்ல பழக்க வழக்கங்களே காரணமாக அமையும் என்றால் அது மிகையல்ல. நமது உணவு பழக்கவழக்கங்களில் அதிக காரம், புளிப்பு, மசாலா கலந்த உணவுகள், எண்ணெயில் பொறித்த பலகாரங்கள், பதப்படுத்தப்பட்ட உணவு வகைகள், விரைவு உணவுகளால் கூட பல்வேறு வகையான வியாதிகள் மற்றும் காரணம் கண்டறிய இயலாத நோய்கள் வருகின்றன.

மேலும் பார்வைக் குறைவு, உயர்ந்த மற்றும் குறைவான இரத்த அழுத்த நோய், குடற்புண், சிறுநீரகத்தில் ஏற்படும் பிரச்சினைகள், மூலவியாதி, மூட்டுவலி, கழுத்துவலி, தோள்பட்டை வலி, இடுப்பு வலி, ontentpane">குதி கால் வலி, மணிகட்டுகளில் ஏற்படும் வலி, நாட்பட்ட எலும்பு நரம்பு சம்பந்தப்பட்ட வலிகள், முடக்கு வாதம், ஒரு கை வாதம், ஒரு கால் வாதம், பக்க வாதம், சர்வாங்க வாதம், தண்டுவட வலிகள், உடல் சோர்வு, மனச் சோர்வு, சர்க்கரை நோய், கருப்பை கோளாறுகள், மன அழுத்தம், மன இறுக்கம், உற்சாகமின்மை, மன அமைதியின்மை, தூக்கமின்மை, பசியின்மை, மலச்சிக்கல் போன்ற பல்வேறு பிரச்சினைகள் நம்மை எளிதில் பாதித்துக் கொண்டிருக்கின்றன.

இது போன்ற பிரச்சினைகளைத் தவிர்க்க மூலிகைகளும், மூலிகை உடலியக்க மருத்துவமும் இன்றியமையாதது.

அந்த வகையில் வயிற்றுப் புண்ணை ஆற்றும் பிரண்டைத் துவையல், வாதத்தைத் தடுக்கும் வாதமடக்கி துவட்டல், இரும்புச்சத்தைத் தரும் முருங்கைக் கீரை சூப், மூட்டுவலியைக் குணமாக்கும் முடக்கற்றான் தோசை, பசி தூண்டி

மலச்சிக்கலைச் சரி செய்யும் புதினா, கொத்தமல்லி, கரு-வேப்பிலை, இஞ்சி, பூண்டு, சட்டினி மற்றும் புளிச்சக்கீரை துவையல், ஆவாரம்பூ கூட்டு, செம்பருத்திச் சாறு போன்-றவை சிறந்த மூலிகை உணவு வகைகள்.

இன்றைய கால கட்டத்தில் சரியான முறையில் தண்ணீர் குடிக்காததாலும், நிதானமாக உணவு உட்கொள்ளாததாலும், வயிற்றில் புண் ஏற்படுகிறது. அதற்கு மணத்தக்காளி மற்றும் வெந்தயம் போன்றவை மிகவும் சிறப்பாகப் பயன்படுகிறது. நெருஞ்சில், நீர்முள்ளி, சிறு பீளை போன்ற மூலிகை கசா-யத்தால் சிறுநீரகம் பாதுகாக்கப்படுவது மட்டுமல்லாது, சிறு-நீரக கல், சிறுநீரக அடைப்பு, சொட்டுச் சொட்டாக வரும் சிறுநீர், சிறுநீரக தாரையில் எரிச்சல் மற்றும் அரிப்பு போன்ற பல்வேறு சிறுநீரகப் பிரச்சினைகளுக்கு மேற்கண்ட மூலிகை-கள் மிகச் சிறந்த அற்புதமான மருந்தாகும்.

பார்வைக் குறைவு மற்றும் கண் சம்பந்தப்பட்ட பிரச்சி-னைகளுக்கு வள்ளலார் அருளிய கரிசலாங்கண்ணி மற்றும் பொன்னாங்கன்னி கீரைகளை உணவாகவும், தலைக்குத் தேய்க்கும் தைலத்திலும் பயன்படுத்திப் பலன் பெறலாம்.

குழந்தை முதல் பெரியவர் வரை நுரையீரல் சம்பந்தமான பிரச்சினைகளான சளி, இருமல், வறட்டு இருமல், மூச்சுத் திணறல், ஆஸ்துமா போன்றவை இருந்து வருகிறது. அதற்கு சுக்கு, மிளகு, திப்பிலி, சித்தரத்தை, அதிமதுரம், தூதுவளை, கண்டங்கத்திரி, முசுமுசுக்கை, ஆடாதொடை, அக்ரஹாரம் போன்ற மூலிகைகள் சிறந்த மருந்தாகப் பயன்-படுகிறது. மேலும் பல்வேறு வகையான நோய்களைப் போக்-கும் தாமரை பூ, ரோஜா பூ, செம்பருத்தி பூ, ஆவாரம் பூ, சுக்கு, மிளகு திப்பிலி, ஏலக்காய், நன்னாரி, பனங்கற்கண்டு ஆகியவை கலந்த மூலிகை டீ அருந்துவது மிகவும் நல்லது.

நம்மைச் சுற்றி எளிதில் கிடைக்கும் இதுபோன்ற அரிய மூலிகைகள் அன்றாட உணவில் சேர்த்து நோயில்லாத வாழ்க்கை வாழ வேண்டும்.

12. 'பொழில்' எனும் மூலிகைச் சொர்க்கம்

- கே. பி. கதிரவவேல்

நதிகள் தொழிற்சாலை கழிவுநீரால் மாசுபடுகின்றன. பிளாஸ்டிக் பொருட்களால் நிலம் பாதிப்படைகிறது. மணல் கொள்ளையால் ஆறு நலிவடைகிறது. இரசாயண உரங்களால் உணவு நஞ்சாகிக் கொண்டிருக்கின்றது. மரபணுமாற்றுப்பயிர்களால் நோய் அச்சுறுத்தல்கள். அதிக மாகும் புவி வெப்பம். அணு உலைகளுக்கு எதிரான போராட்டங்கள், என்று சுற்றுச் சூழலையும், மண்ணையும் காக்க எந்த நூற்றாண்டிலும் எழாத குரல்கள் இப்போது ஆங்காங்கே கேட்கின்றன.

இவ்வேளையில் சுற்றுச்சூழலையும், மண்ணையும் காப்பாற்றும் முயற்சி எந்த ஆரவாரமும் இன்றி, அமைதியாக நடந்து கொண் டிருக்கிறது. நெல்லைமாவட்டம் பொதிகை மலையடிவாரத்தில் உள்ள பாபநாசம் எனும் ஊரில் தான் அந்த பசுமை வேள்வி நடந்து வருகிறது.

இந்த மூலிகையின் பெயர் "களா'. கண் நோய்களை குணமாக்கும். இது "சீந்தில்' கொடி. நம் உடலின் கல்லீரல், மண்ணீரலுக்கு பலம் சேர்க்கும். இது "அவுரி'. மஞ்சள் காமாலை நோய் தீர்க்கக் கூடியது, என்று அங்கு காணப்படக்கூடிய மூலிகைகளுக்கு பெயர்ப் பலகைகள் வைக்கப் பட்டிருந்தன. ஓலைச்சுவடிகளில் மட்டுமே காணப்படக்கூடிய அரிய மூலிகைப் பெயர்களையும், மருத்துவப் பயன்களையும் அங்குப் பார்க்க முடிகிறது. பெரும்பாலான பெயர்கள் நாம் இதுவரை கேள்விப்பட்டிராதவை. இப்படி அங்கு காணப்படும் மூலிகைகள் ஒன்றோ, இரண்டோ அல்ல. சுமார் ஆயிரம் மூலிகைகளை அதன் எண்ணிக்கை நெருங்கிவிட்டதென்றே சொல்லலாம். இவை அத்தனையும் ஒரே இடத்தில் காணப்படுவது தான் நம்மை மலைக்க வைக்கிறது. பாபநாசத்தின் "பாபநாசநாதர் திருக்கோயில்' தெப்பக்குளத்தைச் சுற்றி அந்த மூலிகை பூமி உருவாக்கப்பட்டு "பதினெண் சித்தர் மூலிகைப் பொழில்' என்று பெயரிடப்பட்டுள்ளது.

சில ஆண்டுகளுக்கு முன்புவரை அந்த தெப்பக்குளத்தை சுற்றி, புதர்கள் மண்டியும், பொதுமக்களின் கழிப்பிடமாகவும், துர்நாற்றம் வீசக்கூடிய இடமாகவும் இருந்து வந்தது. இன்று அதை அடியோடு மாற்றியமைத்து பாபநாசம் ஊரின் குறிப்பிட்ட தொலைவு வரை மூலிகை மணம் வீசிக் கொண்டிருக்கும்படியாக இப்பொழிலை தனது கடினஉழைப்பாலும் மருத்துவ ஞானத்தாலும் செய்து முடித்திருப்பவர் மருத்துவர் பி. மைக்கேல் செயராசு. இவர் ஒரு சித்த மருத்துவர். சொந்த ஊர் பாளையங்கோட்டை என்றாலும் தற்போது பாபநாசத்திலேயே வசித்துவருகிறார். 1989ம் ஆண்டு பாளை சித்த மருத்துவக் கல்லூரியில் மருத்துவப் படிப்பை முடித்தவர். 1992ம் ஆண்டு உலகத் தமிழ் மருத்தவக்கழகத்தை தொடங்கி, ஏராளமான சித்த மருத்துவப்பணிகளையும், சுற்றுச்சூழல் மேம்பாட்டுப்பணிகளையும் செய்து வருகிறார்.

"கற்ப அவிழ்தம்' என்ற சித்த மருத்துவ மாத இதழின் நிறுவனர், ஆசிரியர். ஆயிரம் மூலிகை களைக் கொண்ட இந்த பொழிலை உருவாக்க அவர் எடுத்த முயற்சிகள் நம்மை பிரமிக்க வைக்கின்றன. மூலிகைகளைத் தேடி காடு, மலை என்று அலைந்திருக்கிறார். சித்தர்கள் உலவுவ தாக சொல்லப்படும் பொதிகைமலை, தென்மலை, அச்சன்கோயில், மகேந்திரகிரி, சதுரகிரி, கொல்லிமலை, ஏலகிரி சவ்வாது மலை, ஏற்காடுமலை, மற்றும் காடுகள், வயல்வெளிகள் என்று தேடித்தேடி தன் வாழ்நாள் முழுக்க சேகரித்த மூலிகைக் கன்றுகளை கொண்டு சுமார் 3 வருட உழைப்பால் இம்மூலிகைப் பொழிலை உருவாக்கியிருக்கிறார். இப்பொழிலை 2012 சனவரி 6ம் தேதி தமிழ் மக்களுக்கு அர்பணிக்கும் விழாவாக கொண்டாட உள்ள மருத்துவர் பி.மைக்கேல் செயராசுவுடன் பேசியபோது, ""வெயில் நுழைவறியா குயில் நுழை பொதும்பர்' என்ற சங்ககாலப் பாடலில் உள்ள "பொதும்பர்' என்பது "பொழில்' என்ற பெயராவும், தமிழ் மருத்துவத்தின் நிறுவனர்களான சித்தர் பெருமக்களைப் பெருமைப்படுத்தும் விதமாக "பதினெண் சித்தர்' என்ற பெயரையும் இணைத்து "பதினெண் சித்தர் மூலிகைப்பொ-

ழில்' என்று பெயரிட்டுள்ளோம்.

வெயில் நுழைய முடியாத அளவிற்கு பசுமையான அடர்த்தியை ஆயிரம் மூலிகைகள் கொண்டு உருவாக்க வேண்டும், என்ற கனவோடு தொடங்கிய இப்பணியில் தற்போது ஆயிரம் மூலிகைகளின் எண்ணிக்கையை ஏறக்குறைய நெருங்கிவிட்டோம். சுமார் 350 மூலிகை மரங்கள், 300 வகையான புதர் தாவரங்கள், 100 வகையான கொடிகள் என்று வளர்த்துள்ளோம். புல் வகைகளில் மட்டுமே 11 வகைகள் உள்ளன. நறுமணத்திற்கு பெயர் பெற்ற மரம் "அகில்' ஆகும். வெள்ளை அகில், காரு அகில், செவ்வகில், அகில் என்று நான்கு வகைகளும் இங்கு வளர்த்துள்ளோம். இப்போது நாம் சமையலுக்கு பயன்படுத்தும் புளி அரபு நாட்டைச் சேர்ந்ததாகும். பிணர்புளி, ராஜபுளி, புளிமா, புளிச்சங்காய் போன்றவைகள் நம் மண்ணிற் குரியவை. இவைகளை இங்கு வளர்த்துள்ளோம். இந்த வகையான புளிகளை உணவில் சேர்த்துக் கொண்டால், நமக்கு நோய்கள் வராது. இப்படியான மூலிகைகளைக் கொண்ட இப்பொழில் மூலம் சுத்தமான நறுமணக் காற்று கிடைக்கிறது. மயில்கள், குயில்கள் வருகின்றன. குறிப்பாக "சொர்க்கப்பறவை' வந்து செல்கிறது. ஏராளமான வண்டுகள், வண்ணத்துப்பூச்சிகள், தட்டான்கள் சுற்றி வருகின்றன. இங்குள்ள மண்ணில் கோடான கோடி நுண்ணுயிர்கள் வளம் பெற்று வாழ்கின்றன. தெப்பக்குளத்தைச் சுற்றி மனிதர்கள் நடக்கும் படியாக பாதைகள் அமைக்கப்பட்டுள்ளன. பாபநாசத்தைச் சேர்ந்த பெருவாரியான மக்கள் அதிகாலையில் நடைபயிற்சிக்காக தெப்பக்குளத்தை வலம் வருகிறார்கள். 1/2 கி.மீ சுற்றளவு கொண்ட தெப்பக் குளத்தை சுற்றி மூச்சுப்பயிற்சி, ஒகப்பயிற்சி தவப்பயிற்சிகளையும் செய்கிறார்கள். இதனால் உடல், உள்ளம், ஆன்மா வலுவடைகிறது.

இன்றைக்கு தமிழ் மொழி பல வழிகளில் அழிந்து வருகிறது. ஆனால் மூலிகையின் பெயர்களில் தான், எந்த மொழிக்கலப்பும் இல்லாமல் தமிழ் வாழ்ந்துவருகிறது. ப.ய.சாம்பசிவம்பிள்ளை என்ற அறிஞர் 1932ம் ஆண்டு,

சுமார் 1 லட்சம் சித்த மருத்துவக் கலைச் சொற்கள் கொண்ட அகராதியை தயாரித்து வெளியிட்டார். அது சித்த மருத்துவ உலகிற்குக் கிடைத்த மாபெரும் கொடை. அவர் சித்த மருத்துவர் அல்ல. காவல் துறையில் ஆய்வாளராகப் பணியாற்றியவர். தமிழ் மொழி மீது கொண்ட பற்று ஒன்றே, அவரின் இப்பணிக்கான காரணமாகும். தனி மனித முயற்சியாக அவர் செய்த பணியின் தொடர்ச்சியாகவே, நான் இந்த மூலிகைப்பொழிலைப் பார்க்கிறேன். ஓலைச் சுவடிகள் மூலம் தலைமுறை தலைமுறையாக பாதுகாக்கப்பட்டு வந்த அரிய பல மூலிகை களின் மருத்துவப் பயன்பாடுகள் குறித்த செய்திகள் தமிழர்களின் உயர்நிலை அறிவுப் புதைய லாகும். இம்மாபெரும் அறிவுச் சொத்தின் அருமையை இளையசமுதாயத்திற்கு எடுத்துச் செல்லும் நோக்கத்துடனேயே இம்மூலிகைப்பொழில் உருவாக்கப்பட்டுள்ளது. இதோடு சித்த மருத்துவ மேன்மைகளைச் எடுத்துச் சொல்லும் "சித்த மருத்துவக் கருத்துருவப் பூங்கா' உருவாக் கும் பணியிலும் ஈடுபட்டுள்ளோம்'' என்றார்.

நம் இயற்கை வளங்கள் பல வழிகளில் நச்சுத்தன்மையாகிக் கொண்டிருக்கும் இவ்வேளையில் மண்ணையும், தமிழ் மருத்துவத்தையும் காப்பாற்றும் முயற்சியில் ஈடுபட்டு மூலிகைகளை வளர்க்கும் மருத்துவர் பி.மைக்கேல் செயராசு கரங்களுடன் நம் அனைவருடைய கரங்களையும் இணைத்துக்கொள்வது மிக மிக அவசியமாகும்.

13. பறிபோகும் நம் பாரம்பரிய அறிவியல் மூலிகைகள்

- மருத்துவர் கு.சிவராமன்

அழிக்கப்படும் அவலம்! - மருந்து, உணவு பதப்படுத்துதல் என பல்வேறு துறைகளுக்காக தேவைப்படும் மூலிகைகள் எல்லாம் நெடுங்காலமாக இந்தியா, ஆப்பிரிக்கா போன்ற பல்லுயிர் வளம் மிகுந்த காடுகளில் இருந்து சேகரிக்கப்பட்டு, மூன்று - நான்கு நிலை கடந்து பெருவணி-

கர்களால் ஏற்றுமதி செய்யப்பட்டன. வழக்கமான விவசாய அவலம் போன்றே, 4 ரூபாய் 5 ரூபாய்க்குச் சேகரிக்கப்பட்ட இந்த மூலிகைகள் இடைத் தரகர்களால், 40 ரூபாய் வரை விற்கும் கொடுமையும் தொடங்கியது. மூலிகை மகத்துவம் அறியாத தொழில் முனைவோரின் வெறித்தனமான, வேரோடு பிடுங்கி அனுப்பும் செய்கையால் பல பயிர்கள் அழிந்ததும், காடுகள் மொட்டையானதும் உண்டு.

மூலிகை அறிவியல் துறை வளரவளர(?), இப்படிச் சேகரிக்கப் படும் மூலிகைகளில் ஏராளமாய்க் கலப்படம் இருப்பதும், அது சேகரிக்கப்படும் இடத்தைப் பொருத்து அதன் மருத்துவக் கூறுகளில் அதிக வேறுபாடுகள் இருப்பதால், மூலிகை வளர்ப்பின் அவசியம் அதிகமானது. இன்று மூலிகைப் பயிரிடல் என்பது பெருவாரியாகப் பேசப்படும் விஷயம். அரசும் இதில் அக்கறை காட்டி பல சலுகை, மானியங்களை கொடுத்து, மூலிகைப் பயிரிடலை ஊக்குவிக்கிறது. பல வளர்ந்து வரும் நாடுகளில் பெருமருந்து நிறுவனங்கள் ஒப்பந்த அடிப்படை மூலிகைப் பயிரிடலை பெரும் அளவில் செய்து வருகின்றன.

எதற்கு இந்த மூலிகைச் சந்தை?

மாற்று மருத்துவ முறை, பாரம்பரிய மருத்துவ முறைகளின் பயனும் அதற்கான தேடலும் உலகெங்கும் அதிகரித்து வரும் காலம் இது. தொற்றுநோயின் பிடியிலிருந்தும், பெருவாரியான உயிரிழப்பிலிருந்தும் நவீன மருத்துவம் அன்று நம்மைக் காப்பாற்றியது மறுக்க முடியாத உண்மை. 19ம் நூற்றாண்டில் பிளேக், காசம், விஷக் காய்ச்சல் என பல நோய்களில் கொள்ளைகொள்ளையாக மரணம் சம்பவித்த கொடூரம், பென்சிலின் முதலான எதிர் நுண்ணியிரிகளின் வரவால் கட்டுப் படுத்தப்பட்டது. அதன் மூலம் சராசரி மனித வாழ்நாட்களின் எண்ணிக்கையும் கணிசமாய் உயர்ந்தது.

அதே நேரத்தில், புதியபுதிய வாழ்வியல் நோய்கள் இன்று பெருகி, வயோதிகம் என்பதே 'மருந்து காண்டம்' ஆக மாறி முதுமை கசப்பான காத்திருக்கும் காலமாகி வருகிறது. வீட்டிற்கு ஒருவர் ஆஸ்துமா, சர்க்கரை நோய், மாரடைப்பு,

புற்றுநோய், மனநோய், பக்கவாதம் எனும் non communicable disease-ஆல் கண்டிப்பாகப் பாதிக்கப்பட்டு அவதிப்பட்டு வருகின்றனர். இந்த நோய்களுக்கெல்லாம் நவீன மருத்துவத்தில், உடனடியாகவோ முழுமையாகவோ குணப்படுத்தக் கூடிய வேதிபொருள் மருந்துகள் அதிகம் இல்லை. இதுபோன்ற நோய்களுக்கு, பாரம்பரிய மூலிகை மருந்துகளும் மதிப்பு கூட்டப்பட்ட உணவுப்பொருட்களும் தான் உலகெங்கும் அதிகம் தேவைப்படுகிறது.

முன்பு நவீன மருத்துவ உலகம் தன் புதிய மருந்துகளுக்கான தேடலில் drug designing என்ற உத்தியை பின்பற்றியது. ஆனால் தற்போது பெரும்பாலான புதிய நவீன மருந்துகளும் மூலிகைத் தாவர கூறுகளில் இருந்து பிரித்தெடுத்து பயன்படுத்தத் தொடங்கி உள்ளனர். Co enzyme Q-10, Lycopene, Taxol முதலானவை அதற்கான சமீபத்திய உதாரணங்கள். இவை புகையிலை, தக்காளி, இமாலய மலையின் மரத்தின் பட்டையில் முறையே பிரித்தெடுக்கப்பட்டு இதயம், புற்று நோய்களுக்கு உயர்மருந்துகளாகப் பயன்படுத்தப் படுகின்றன.

மேற்கத்திய மருந்து ஆராய்ச்சி உலகில் கண்டறியப்படும் மூலிகை மூலக்கூறுகளுக்கு எல்லாம், அத்தாவரத்தை பயிர் செய்து தர திடீர் சந்தை இந்தியாவில் பிறக்கும். முதலில் ரகசியமாய் அதிக விலையிலும், பின் நாளடைவில் அடிமாட்டு விலையிலும் நகரும் இந்த மூலிகைச் சந்தை எல்லாம் அந்த குறிப்பிட்ட மூலக்கூறுகளுக்காக மட்டுமே. கடந்த ஓரிரு ஆண்டுகளில், சேலம் ஆத்தூர் பகுதிகளில் Gloriosa superba (கண்வலிப் பூண்டு, செங்காந்தள் மலர்), Coleus foerscolli (கோலிஸ் கிழங்கு) பயிரிடும் பழக்கம் வந்தது, இந்தச் சந்தையால்தான்.

மருந்துகள் தவிர மதிப்பு கூட்டப்பட்ட உணவுகள், உணவு கூறுகள், மருத்துவச் சத்து கூறுகள், மருந்தாகும் உணவுகள் - என இவை எல்லாவற்றுக்குமே மூலிகையின் தேவை மிக அதிகமாக உள்ளது. உணவுகளை மணமூட்ட, அலங்கரிக்க, கெட்டுப்போகாமல் பதப்படுத்த, தேவையான வடிவத்திற்கு

மாற்ற என அத்தனை சித்துவிளையாட்டுகளுக்கும் மூலி-கைக் கூறுகள் பயன்படுத்தப்படுகிறது. அதற்கான மாபெரும் உலக சந்தையும் நாளுக்குநாள் பெருகி வருகிறது.

பெருகும் மூலிகைப் பயிரிடலும் மாறும் அதன் மருத்துவத் தன்மைகளும்: அன்று வேளாண்மை பல்வேறு புதிய அறி-வியல் உத்திகள் புகுத்தப்பட்டு, அதன் பன்முகத்தன்மை சிதைக்கப் பட்டது போல், இப்போது மூலிகைகளுக்கும் அந்த ஆபத்து வரத் தொடங்கிவிட்டது. எப்படி?

1. தனி மூலிகை வளர்த்தல் - வயல்களில், வரப்பு ஓரங்களில், காடுகளில், மலைகளில் மூலிகைகள் பல்வேறு தாவரங்களுடன் கூட்டமாக வளரும்போது, அந்த சூழலுக்கு ஏற்ப, அத்தாவரத்தில் ஏற்படும் மாற்றங்கள் தான் மூலிகை-யில் அதன் மருத்துவ குணங்களைக் கொடுக்கும். தனி-யாக இம்மூலிகைகளை வளர்க்கும்போது, இந்நிலை மாறு-கிறது. மாறுபட்ட அருகாமைத் தாவரங்களுடன் உணவுப் பகிர்வு, சூழல் எதிர்கொள்ளல் இல்லாதபோது secondary metobolite-ன் அளவு பெருவாரியாக மாறி மூலிகையின் சுவை, மருத்துவக் குணம் மாறுகிறது. இது வெறும் அனு-மானம் அல்ல. பயிரிடப்படும் அமுக்கிராங் கிழங்கு, நெல்-லிக்கனியை காடுகளில் சேமித்தவற்றுடன் ஒப்பிட்டு, ரிTLC செய்து பார்த்தபோது, இரண்டதன் படமும் வேறுவேறாகத் தெரிந்தன. இந்த உண்மை, அதன் மருத்துவ குணத்தைப் பெருவாரியாக மாற்றும்; இன்று அதிகமாகப் பேசப்படும் மூலிகைக் கூறுகளின் ஒருமித்த பன்முக ஆற்றல் முற்றிலும் மாறிவிடும் என்பதில் துளிகூட ஐயமில்லை. தொடர்ந்து இந்த மூலிகைப் பயிரிடல் நடைபெற்றால், ஐந்தாறு தலை-முறை தாவரங்களுடன் மூலிகையின் மருத்துவ குணம் எண்ணிப் பார்க்கமுடியாத அளவு மாறிவிடும் ஆபத்து இருக்கிறது. அரசோ, அறிவியல் நிறுவனங்களோ எந்த ஒரு அடிப்படை ஆய்வும் நடத்தாமல், பயிரிடலை மட்டும் ஊக்-குவிப்பது எப்படிச் சரியாகும்?

2. புகுத்தப்படும் புதிய தொழில்நுட்பங்கள் - மருத்துவத் தாவரங்களின் சாகுபடியைப் பெருக்க, கிழங்குகளின் எடை-

யைக் கூட்ட, பழங்களின் அளவைப் பெருக்க, வண்ணத்தைக் கூட்ட, அதன் மருத்தவத்தன்மை தரும் வேதிக் கூறுகளைக் கூட்ட, பூச்சிகளைக் கொல்ல என பல்வேறு காரணங்களுக்காக உரங்களையும், இயக்குநீர்களையும் (ஹார்மோன்), பூச்சிக்கொல்லி மருந்துகளையும் அதிகம் பயன்படுத்தும் நிலைமை பெருகி வருகிறது. இதன் தாக்கம் குறித்து அடிப்படை ஆய்வுகள் ஏதும் முறையாக நடைபெறவில்லை. இயற்கை வேளாண் உத்திகளைப் பயன்படுத்தினால் அதிக லாபம் ஈட்டலாம் என்று ஒரு சில சிறு அமைப்புகள் மட்டுமே கூறி வருகின்றன. ஆனால் பெருவாரியாக புதிய உத்திகளை புகுத்துவதுதான் ஒப்பந்த அடிப்படை மூலிகைச் சாகுபடியிலும், ஊடுபயிர் மூலிகைச் சாகுபடியிலும் நடைபெறுகிறது.

3. மரபணு மாற்றப்படும் மூலிகை ஆய்வுகள் - உயிரியல் பயங்கரவாதம் - இது எல்லாவற்றுக்கும் மேலாக அமுக்கரா, ஜீவந்தி, நீர்ப்பிரமி, சிக்கரி, கத்தரிக்காய் என ஐந்து மூலிகைகளில் மரபணுக்களை மாற்றி அதிக மருத்துவ குணங்களைச் சுரக்க வைக்கும் ஆபத்தான ஆய்வை இந்திய அரசின் தொழில்நுட்பக் கழக உதவியுடன் செய்து வருகின்றன இந்திய வேளாண், உயிரியல் தொழில்நுட்ப நிறுவனங்கள். அதிகம் தாய்ப்பால் வேண்டும் என பெற்ற மகளுக்கு மூன்றாவது மார்பகத்தை உருவாக்கும் உயிரியல் பயங்கரவாதம் போன்ற செய்கை இது. மூலிகைத் தாவரங்களை அதன் பன்முகத் தன்மையையும், பாரம்பரிய தத்துவங்களையும் சிறிதும் புரிந்துகொள்ளாமல், மூலிகைகளை வெறும் வேதியல் தொழிற்கூடங்களாகப் பார்க்கும் அரைவேக்காட்டு அறிவியலாளர்களின் கையில் இந்தியா இருப்பதுதான் மிகப் பெரிய அவலம்.

இன்னும் நமக்கு மிச்சமிருக்கும் ஒன்றிரண்டு இயற்கை வளங்களில் ஒன்று மூலிகை வளம். அதையும் சுரண்ட தொழில்நுட்பம், சுகாதாரம் ஆகிய முகமூடிகளை அணிந்து பெரும்வணிக நிறுவனங்கள் அரசு உதவியுடன் வரத் தொடங்கிவிட்டன. கேமரூன் நாட்டில் சமீபத்தில் நடைபெற்ற

உலக பாரம்பரிய மாநாட்டில் ஒரு ஆப்பிரிக்க பாரம்பரிய மருத்துவர், பாரம்பரிய உடை அணிந்துவந்து மேடையில் சொன்னது இப்போது நினைவுக்கு வருகிறது. ”இவர்கள் MOLECULE HUNTERS, தொழில்நுட்பம் ஆகிய பெயரில் மீண்டும் நம்மைச் சுரண்ட வரும் வெள்ளையர்களிடம் இருந்து என் நாட்டையும் அதன் மருத்துவ பாரம்பரியத்தையும் காப்பாற்றியே ஆக வேண்டும். அதுதான் என் பாரம்பரிய மருத்துவத்தை பாதுகாக்கவும் வளர்க்கவும் ஒரே வழி” என முழங்கிச் சென்றார். நமக்கும் தேவையான அடிப்படைச் சிந்தனை அது.

14. மூலிகை மருத்துவம் தழைக்க வேண்டப்படுவது?

- சு. நரேந்திரன்

ஆதிமனிதன் உடல்நலக் குறைவிற்கான காரணங்களை அறிய முயன்றான். நோய்களில் இருந்து தம்மைத் தாமே காத்துக் கொள்ளும் விலங்குகளைக் கூர்ந்து கவனித்தான். அதன் பயனாய் விலங்குகளிடமிருந்து மூலிகை மருத்துவ அறிவினைக் கற்றான். இந்நோய் தீர்க்கும் கலை நூற்றாண்டுகள் செல்லச்செல்ல மென்மேலும் முன்னேற்றம் பெற்றது. இதன் பயனாய் மனிதனுக்குத் தேவையான உணவு முதல் மருந்து வரை தாவரத்தில் இருக்கின்றது என்ற நுட்பம் வெளிப்பட்டது. இக்கருத்தையே மூலிகை மருத்துவத்திற்கான ஆரம்பமாகக் கொள்ளலாம்.

மூலிகை தமிழ்நாட்டில் மட்டுமின்றி உலகெங்கும் 70-80 விழுக்காடு, குறிப்பாக வளர்ந்து வரும் நாடு களில் முதன்மை மருத்துவமாக பயன்பாட்டில் உள்ளது. உலகில் மூலிகை மருத்துவத்தின் பயன் பாடு மற்ற வகை மருந்துகளின் பயன்பாடுகளைக் காட்டிலும் இரண்டு அல்லது மூன்று மடங்கு அதிகமாக உள்ளதாக உலக சுகாதாரக் கழகம் கணக்கிட்டுள்ளது. இன்றைய ஆங்கில மருத்துவம் கூட

கடந்த நூற்றாண்டுக்கு முன்னர் மூலிகையை அடிப்படை-யாகக் கொண்டே ஆரம்பமாகி உள்ளது. எ.கா.: ஆஸ்பி-ரின், வில்லோ பட்டையிலிருந்தும், டிஜாக்சின் பாக்ஸ் கிளவ் என்ற கையுறை போன்ற செடியிலிருந்தும், குயினைன், சின்-கோனா பட்டையி லிருந்தும், மார்பியா கசகசா செடியின் காயி லிருந்தும் தயாரிக்கப்படுகிறது.

மருத்துவ வரலாறு என்பது நோயைக் குணமாக்க மூலி-கையிலிருந்து தொடங்குகிறது. ஆனால், தொழிற்புரட்சிக்குப் பின் சுகாதாரக் கேடுகள் மலிந்த நிலையில் அலோபதி மருத்துவம் தோன்றியது. அதன் பின்னர் மூலிகை மருத்து-வம் ஒரு சிறந்த அரிய நோய் தீர்க்கும் மருத்துவமாக இருப்-பினும் ஆங்கில மருத்துவ மோகத்தால் ஆர்வம் குறைந்து இதன் பயன்பாடும் 20ஆம் நூற்றாண்டில் குறைந்தது.

ஏனெனில், மூலிகை மருத்துவத்தினால் பயன் இல்லை அல்லது நோயைத் தீர்க்காது என்பதல்லாது, நவீன மருத்-துவத்தினால் அதிக வருமானம் கிடைக் கிறது என்ப-தனாலும், தடுப்பு மருத்துவம் மற்றும் உடன் தீர்க்கவல்ல சில மருந்துகள் மேலை மருந்தில் கண்டுபிடிக்கப்பட்டதும் ஆகும். 19ஆம் நூற்றாண்டில் அறிவியல் வளர்ச்சி மென்-மேலும் வளர்ச்சிபெற்ற நிலையில் மூலிகை மருத்துவமானது போலி மருத் துவம் அல்லது அரைகுறை மருத்துவம் என்று ஒதுக்கித் தள்ளப்பட்டது. ஆனாலும், 1960ஆம் ஆண்-டிற்குப் பிறகு நவீன மருந்துகளால் ஏற்படும் பக்க, நச்சு விளைவுகளைக் கண்டு கவலை கொண்டு, பயந்து இதற்கு மாற்று வழியான இயற்கை மருத்துவமான மூலிகை மருத்து-வமே சிறந்தது என்று மூலிகை மருத்துவத்திற்கு ஒரு புதிய வேகம் தோன்றி, பயன்பாடு அதிகரித்தது. இதன் காரண மாக மாற்று மருத்துவ முறை என்று அமெரிக்காவில் கூட 1992ஆம் ஆண்டு தேசிய நலக் கழகத்தில் ஏற்படுத்தப்பட்-டது. மேலும், உலக சுகாதார நிறுவனம் வளரும் நாடுகளில் நவீன மருத்துவத்தால் தரமுடியாத, பெற முடியாத நிலை-யில் மருத்து வத்தை மூலிகை மருத்துவத்தின் மூலம் பெற ஆதரவு தெரிவித்து ஊக்கப்படுத்தியது.

இதன் காரணமாக நம்மைப் போன்ற வளரும் நாடுகளில் இதன் தேவை அதிகரித்து, பயன்பாடும் மிகுந்து வருகிறது. ஏனெனில் இம்மருந்துகளுக் கான தயாரிப்புச் செலவு குறைவு. தங்கள் கலாச் சாரத்திற்கு ஒத்து வருவது, உடலுக்குக் கேடு விளைவிக்காதது என்பதால் ஆகும். இருப்பினும் அண்மைக் காலங்களில் எல்லா மூலிகை மருந்து களும் உடலுக்குக் கேடு விளைவிக்காது என்று சொல்வதற்கில்லை. இன்று பயன்பாட்டில் உள்ள பல மூலிகை மருந்துகள் அவற்றின் தரத்தையும் தீங்கின்மையையும், செயல் திறனையும் ஆய்வு மூலம் நிரூபிக்க தவறிவிட்டது. இவற்றை மனதில் கொண்டே நவீன மருத்துவத்திற்கு மூலிகை மருத்துவம் ஒரு மாற்றுமுறை மருந்தாகவோ அல்லது நவீன மருத்துவத்தால் தீர்க்க முடியாத நோய்களை தீர்க்க வல்லதாகவோ அமைய அறிவியல்பூர்வமான மருத்துவசோதனைகளைச் செய்து அதன் தீங்கின் மையையும், செயல்திறனையும் நிலைநிறுத்தி மீண்டும் புத்துயிர் அளித்து மூலிகை மருத்துவம் தரமுடன் பயமின்றி பயன்பாட்டிற்கு வர அதற்கான காப்புரிமை பெற்று உலகறிய மீண்டும் தமிழ் மரபு, தமிழ் மருத்துவம் காக்க, தழைக்க வேண்டும்.

மூலிகை மருத்துவத்தின் இன்றைய பயன்கள் - நம்முடைய பரம்பரை தமிழ் மருத்துவத்தில் மூலிகையுடன் அரிய உலோகங்களும் மற்றும் கரிமப் பொருட்களும் சேர்த்தே தயாரிக்கப்படு கின்றன. ஆனால், மூலிகை மருத்துவம் என்பது மருத்துவ குணமுள்ள தாவரங்களிலிருந்து முதன் மையாக மருந்து உற்பத்தி செய்யப் பயன்படுகிறது. இந்திய முறைகளில் ரிக் வேதம், அதர்வண வேதம், சரகசம்ஹிதா, சுசுருத சம்ஹிதாவிலிருந்தும், தமிழகத்தில் அகத்தியர் முதலான பல நூறு சித்தர்களிடமிருந்தும் மருத்துவச் செய்திகளைப் பெற முடிகிறது. ஆகவே, வரலாறு படைத்த வர்கள் நாம் என்பதில் எந்தவித ஐயமுமில்லை.

மூலிகை மருத்துவத்திற்கான மோகம்அதிகரித்து வருவதற்கான காரணம் - மூலிகை மருந்துகளைப் பயன்படுத்தும் நோயாளிகள் தங்களை மாற்றிக் கொண்டதற்கான காரண-

மாகச் சொல்லப்படுவது இது மனநிறைவை அளிக்கிறது. இதன் காரணமாக நாட்பட்ட அல்லது குணப்படுத்த முடியாத நோய்களை, எடுத்துக் காட்டாக நீரிழிவு, புற்றுநோய், மூட்டுவலி மற்றும் எய்ட்ஸ் போன்ற நோய்கள் ஏற்பட்ட நிலையில் நவீன மருத்துவம் பயனற்றது என்ற எண்ணம் பெரிதும் வலுப்பெறும் நிலையிலும் இம் மூலிகை மருத்துவம் உதவும் என்பதாகும்.

இதுபோல் வீட்டு மருத்துவத்திலும் தானே குணமாகும் நோய்களான நீர் கோர்வை, தொண்டைப் புண், தேள், தேனீ கொட்டு ஆகியவைகளுக்கும் கண்கண்ட மருந்துகள் நவீன மருத்துவத்தைவிட மூலிகை மருத்துவத்தில் உண்டு. இதற்கு செலவும் குறைவு, குணமாகும் காலமும் குறைவு. இவை இன்னும் பல கிராமங்களில் கடை பிடிக்கப்படுகிறது. அதாவது கிராமப்புறங்களில் நாம் அம்மண்ணுடன் இணைந்து வாழ்கிறோம். நோயுள்ள இடத்தில் அதற்கான மூலிகையும் இருக்கும், கிடைக்கும் என்ற கொள்கையும் நமக்கு பரம்பரையாக உண்டு. இன்றைய நிலையில் நவீன மருத்துவத்தால் ஏற்படும் பக்க விளைவுகள், நச்சு விளைவுகளைப் பற்றி செய்திகள் உடன் நாளிதழ் களில் பளிச்சென்று செய்தியாக வெளியாகி விடுகிறது. ஏனெனில் அவை முன்னரே அறியப் பட்டவை. மேலும் மூலிகை மருந்துகளை பக்க விளைவுகள் அற்றது என்று ஒதுக்கிவிடுவது உண்டு.

மூலிகை மருத்துவப் பயன்பாட்டின் வரைமுறைகளும் சட்ட திட்டங்களும் - சந்தையில் தகுதிச் சான்றிதழ் இல்லாத மூலிகை மருந்துப் பொருட்களே 80 விழுக்காடு விற்பனைக்கு உள்ளது. இதை அம்மருந்துப் புட்டிகளைக்கண்டு அறியலாம். எ.கா. செயல் படும் திறன், பாதுகாப்பு, தரம் மற்றும் பக்க விளைவுகளைப் பற்றிய குறிப்புகளும் அதில் காணப்படுவதில்லை.

மூலிகை மருந்து இன்றும் நாளையும் - மூலிகை மற்றும் சித்த, ஆயுர்வேதம் போன்ற வற்றிற்கான மருத்துவக் கழகங்கள் உலகெங்கிலும் இருந்தாலும் அவை இந்த தகுதியுள்ள நபர்களைத் தான் உறுப்பினராக சேர்த்துக் கொள்ள வேண்-

டும்; அவர்களும் ஆய்வுக் கட்டுரைகளைச் சமர்ப்பிக்க எந்தெந்த விதிமுறைகளைப் பின்பற்ற வேண்டும் என்ற கட்டுக்கோப்பும் இல்லை என்பதும் வருத்தத் திற்குரியதே. ஆனால், அவை அனைத்தும் மேலை மருத்துவத்திற்கு உண்டு என்பதும் இங்கு கருத்தில் கொள்ள வேண்டும்.

தீங்கற்ற பயன்பாட்டிற்கான மூலிகை மருத்துவம் - பாரம்பரிய மூலிகை மருந்துகள் பலவகை களில், பல பரிமாணங்களில் இயற்கையில் கிடைத் தாலும் அவற்றுக்கு தரச்சான்று, தரக்கட்டுப்பாடு என பல தரப்பட்ட மருத்துவ சோதனைகள் சந்தைக்கு வரும்முன் இருக்க வேண்டும். ஆனால், அப்படி இல்லாத நிலையில் அதன் தீங்கற்ற தன்மைகளையும் அதன் பயனையும் குறித்து சான்றிதழ் பெறா மருந்துகளில் பாதரசம், வெண் பாஷாணம், காரீயம், கார்டிசோன் மற்றும் உயிர்ப்பொருள் நச்சுப் பொருள்களும் உள்ளன. இவற்றால் சிறுநீரகக் கோளாறு முதல் இறப்பு வரையிலும் ஏற்படுகின்றன என்று செய்திகள் வந்துள்ளன. சில ஆண்டுகளுக்கு முன் கருவிழிப் புண் (Cornea) தான்சானியாவில் 25ரூ சிறுவர் களுக்கு ஏற்படக் காரணம் என்றும், நைஜீரியா, மாளவி போன்ற நாடுகளில் பாரம்பரிய மருந்து களால் உண்டாகியது என்றும் செய்திகள் கூறுகின்றன.

ஆகவே, சாதாரண மருந்துகளுடன் மூலிகை மருந்துகளை எடுத்துக் கொள்ளும்பொழுது மிகுந்த கவனத்துடன் அந்நோய் குறித்த சிறந்த மூலிகை மருத்துவர் பரிந்துரையின் பேரிலேயே எடுத்துக் கொள்ள வேண்டும். இவை இல்லாத மருந்துக் கடைகளில் விற்கப்படும் மூலிகை மருந்துகளை தானே உட்கொள்ளும் பொழுது தான் மிகப் பெரிய அபாய விளைவுகள் ஏற்படுகின்றன. அண்மையில் சீனாவில் உடல்பருமனைக் குறைக்க உட்கொண்ட மூலிகை மருந்துகளினால் சிறு நீரகக் கேடு மிகத் தீவிரமாக ஏற்பட்டதாக அறிவிக்கப்பட்டுள்ளது. ஆகவே, கடைகளில் விற்கப்படும் இம்மருந்துகளில் நச்சுத்தன்மையை மருந்தாளுநர்கள் ((pharmacist)) தெரிந்திருக்க வேண்டியது அவசியமாகி-

றது.

இதே முறையில் தகுந்த ம்றையில் பாதுகாத்து சேமித்து வைக்கப்படாத மூலிகை டியிலும் அப்லோடாக்சின் மைகோ-டாக்சின் உள்ள பூஞ்சனம் வளர்ந்து கல்லீரல் புற்று உண்-டாகும் வாய்ப்பு ஏற்படுகிறது. குண பாடங்களில் இல்லாத மருந்துகள் போலியானவைகளாகவும், கலப்படம் செய்யப் பட்டு, தவறுதலாக பெயர் சூட்டப்பட்டு மூலிகைகள் சேகரிக்-கப்பட்டு விற்கப்படுகிறது. 6 மாதமே மருந்துத் தூள்களுக்கு வீரியம் உண்டு. மேலும் மூலிகை தன் குணத்தை ஓராண்டில் இழக்கிறது. இதை அறிந்தும் இம்மருந்துகளில் காலாவதியா-கும் தேதி மற்றும் பக்க விளைவுகளையும் நச்சு விளைவு-களையும் மருந்துப் புட்டிகளில் உள்ள லேபிள்களில் அல்-லது தனியாக அதனுள் உள்ள மருந்தின் விவரம் அடங்கிய சீட்டுகளிலேயே போடுவதில்லை. சில சமயங்களில் இவை அலோபதி மருந்துகளுடன் கலந்தும் விற்பனைக்கு வருகி-றது. எ.கா. மூலிகை யுடன் கார்டிசோன் கலந்து ஈளை (ஆஸ்மா) நோய்க்கு கொடுக்கப்படுகிறது.

சில சமயம் உள்ளே உள்ள மருந்துக்கும் லேபிளில் உள்ள பொருளுக்கும் சம்மந்தம் இன்றி விற்கப்படுகின்றன. அதாவது தரக்கட்டுப்பாடு இல்லை. சரியாக மூலிகையைக் கண்டுபிடித்து சேகரித்து மருந்தாக்கத் தெரியாது ஒன்றுக்கு மாற்றாக ஒன்று மருந்தாகும் நிலையும் உள்ளது. ஆகவே, மருந்து வேலை செய்யும் உறுப்புகள், நுண்நோக்காடி ஆய்வு மற்றும் தொழில்நுட்ப சோதனைகளுக்கு உட்பட்ட பின்னரே விற்பனைக்கு வரவேண்டும். இதுபோல் மூலிகையில் உள்ள தீங்கை, நச்சை, சுத்திகரித்து நீக்கவும் தெரிந்திருப்பதில்லை. தெரிந் திருந்தும் மூலிகை மருந்து மிகப்பெரிய அளவில் உற்பத்தி செய்யும்போது இவைகளைப் பற்றி கவலை கொள்-வதில்லை.

பயன்பாட்டிற்கு முன் மருத்துவ சோதனை அவசியம் - மக்களிடம் நம்பிக்கை பெற, நிலை பெற்று மூலிகை மருந்துகளை விற்க பிரபலமடையச் செய்ய ஆராய்ச்சியா-ளர்கள், உற்பத்தியாளர்கள், மருத்துவர்கள் சேர்ந்து கடின-

மான ஆராய்ச்சி முறைகளுடன் மருத்துவப் பரிசோதனைகள் மூலம் தரக்கட்டுப்பாட்டுடன் மருந்தை உற்பத்தி செய்ய வேண்டும். தரமான மூலிகை மருந்துகளை உற்பத்தி செய்ய மூலப்பொருட்களின் தரத்தையும் பல வகையான மருத்துவ குணங்களைக் கொண்ட அம்மூலப்பொருட்களின் தன்மையையும் சரிவர கண்காணிப்பது அவசியம். ஆக சிறந்த முறையில் தயாரித்து மனிதர்களிடம் சோதனை செய்வதற்கு முன் மிருகப் பரிசோதனை போன்ற பல சோதனை களும் அவசியம். இவை நவீன மருத்துவத்திற்கு இணையாகத் துணைபுரிகிறது என்பதை கருத்தில் கொள்ள வேண்டும்.

சோதனையாக மனிதர்களிடம் கடைசியாக நோயாளி மருந்தென்று நம்பும் மருத்துவப் பொருளையும், உண்மையான மருந்தையும் கொடுத்து ஏற்படும் பக்க விளைவுகளை ஆய்வு செய்து முடிவு களைக் கொண்டு, தரத்தையும் மற்றும் பக்க விளைவு களையும் அறிய வேண்டும். ஆக, மேலை மருத்துவ மருந்துகளுடன் மூலிகை மருந்து விற்பனையில் அல்லது உடல்நல மேம்பாட்டில் போட்டிபோட இச்சோதனைகள் அவசியம். இதற்கு பணச் செலவு அதிகமாகலாம். ஆனால், இவை முடியாதவை அல்ல. இது மக்கள் நலத்திற்காகவே அன்றி ஒரு பொருளை விற்பனை செய்வதற்காக அல்ல என்பதையும் மனதில் கொள்ள வேண்டும். இது போன்ற சோதனை ஸ்விட்சர்லாந்தில் சின்சங்கிற்கும், இத்தாலியில் திராட்சை விதைகளுக்கும் நடை பெற்றுள்ளது. இதேபோல் ஜெர்மனியில் பூண்டிற்காக சோதனை வெற்றிகரமாகச் செய்யப்பட்டுள்ளது.

மனிதர்களுக்குப் பயன்படுத்த 1997இல் புதிதாக அனுமதி பெற்ற 520 மருந்துகளில் 39 விழுக்காடு இயற்கையில் கிடைக்கும் பொருட்கள் ஆகும். இவைகளில் 60-80 விழுக்காடு நுண்ணுயிர்க் கொல்லி மருந்துகளும் புற்றிற்கான மருந்துகளும் ஆகும். பென்சிலின், பூஞ்சனத்திலிருந்தே பெறப் பட்டு பாதரசத்திற்குப் பதில் கிரந்திக்கு மருந் தானது. இதேபோல் ஊமத்தை (பெல்லடோனா) இன்று வரை கண் மருத்துவத்திற்கும் மற்றும் இரைப்பை, குடல் நோய்க்கு

நுண்ணுயிர் கொல்லி யாகவும் பயன்படுகிறது. ராவல்பிய சர்பண்டினா என்ற (நாகதாளி வேரில்) ரிசர்பின் கடந்த 10 ஆண்டுகளுக்கு முன்பு வரை மன நோய்க்கும், இரத்தக் கொதிப்பிற்கும் மருந்தாகப் பயன்பட்டது. இதுவே தூக்க மருந்தாக இந்தியாவில் பலநூறு ஆண்டுகள் பயன்பாட்டில் இருந்து வருகிறது. 1994 வரை 119 மூலிகையின் உட்பொருட்கள் உலக அளவில் மருத்துவப் பயன்பாட்டில் உள்ளன.

அமெரிக்காவில் பெரும்பான்மையாக விற்கப் படும் மருந்துகள் இயற்கையான பொருட்களி லிருந்தோ அல்லது அதை ஒத்ததாக உள்ள பொருட் களினாலோ தயாரிக்கப்படுகிறது. மேலும், இயற்கைப் பொருட்களில் உள்ள ஆர்வம் மிகுந்து அண்மைக் காலங்களில் கடல்வாழ் உயிரினங்களிடமிருந்தும், செடிகளிலிருந்தும், புதிய வகை மருந்து கண்டு பிடிப்புகள் மிகுதியாகி உள்ளது. கணினியால் தானே இயங்கும் மனித இயந்திர உதவியுடன் மிகச்சிறிய அளவில் கிடைக்கப்பெறும் மூலிகையில் உள்ள மருத்துவப் பொருட்களை எளிதில் ஆய்வு செய்யப்படுவது இதற்கு மிகுந்த உதவியாக உள்ளது. இதற்குமுன் இதுபோன்ற சோதனை பல மாதங்கள் சோதனைச் சாலைகளில் நடைபெற்றன. மேலும் மிகச்சிறந்த மருத்துவப் பொருட்களைப் புது மூலிகையிலிருந்து கண்டுபிடிப்பது எளிதானதல்ல. தமிழ்நாட்டில் பாரம்பரியமாக நாட்டு மருத்து வர்கள், சித்த, யுனானி, ஆயுர்வேத மூலிகைகளின் பலனை அறிந்துள்ளனர். இதற்கான நூல்கள் நம்மிடம் வேண்டுமளவு உள்ளன. ஆனால், இவைகளும் மறைபொருளாகவே (சித்த மருத்துவம்) தமிழில் செய்யும் வடிவில் உள்ளது. பல பயன் படாத மூலிகைகள் காடு, மலைகளில் அழிந்து வருகின்றன. மேலும் 12.5ரூ மருந்து மூலிகைகள் அழிந்து விடும் அபாயத்தில் உள்ளன.

இந்தியாவில் சற்றேறக்குறைய 45,000 வகை செடிகள் உள்ளன. அவற்றில் 1500 வகை மருத்துவ குணம் உள்ளது என்று மருத்துவ ஆய்வு நூல்கள் கருதுகின்றன. இதில் 800 வகை நாட்டு மருத்து வத்தில் பயன்பாட்டில் உள்ளது. ஆனால், இந்தி யாவில் முக்கியமாக தமிழ்நாடு உலக

அளவில் மூலிகையைப் பற்றி அதிகமாக அதன் பயன்பாட்டை அறிந்திருந்தாலும் மூலிகை மருந்து விற்பனையில், பயன்பாட்டில் பின்தங்கி உள்ளது.

நம் நாட்டில் மூலிகை மருந்து பயன்பாட்டிற்கு அல்லது வளர்ச்சியடையாத நிலைக்கு பல காரணங்கள் உண்டு. இந்தியாவில் உள்ள பரிசோதனைக் கூடங் களிடையேயும் மருத்துவர்களிடையேயும் சரியான ஒத்துழைப்பு இல்லை. மேலும் பொதுத்துறை நிறுவனம் கொடுக்கும் உதவியை சரிவரப் பெற மருந்து தயாரிப்பாளர்களுக்கு சரியான வழிவகைகள் தெரிவதில்லை. ஆராய்ச்சி மற்றும் மருத்துவ வளர்ச்சிக்கான (சு & னு) நிறுவனங்களுக்கும் மூலிகை மருத்துவர்களுக்குமிடையே உள்ள செயலும் எதிர் செயலும் சிறப்பாக இல்லை அல்லது ஒத்துழை யாமையும் ஒரு முக்கிய காரணமாகும். ஆட்சி யாளர்களும் மூலிகை மருத்துவத்தைப் பற்றி அவ்வப்போது பேசினாலும் அங்கங்கே சிதறிக் கிடக்கும் மருத்துவர்களை ஒன்றுபடுத்தி மூலிகை மருத்துவத்தை மேம்படுத்த முயற்சிகள் சரிவர மேற்கொள்ளப்படவில்லை என்பதும் மறைக்க முடியாத உண்மை.

மூலிகை மருத்துவம் தினசரி பயன்பாட்டிற்கு வர எந்தெந்த தடைகளைத் தகர்க்க வேண்டும்.

மூலிகை மருத்துவத்தின் பலன் மற்றும் தரத்தை நிலைநாட்ட பல தடைகளைக் கடந்தாக வேண்டி யவர்களாக உள்ளோம். தற்கால மூலிகை மருத்து வர்கள் தாவர அறிவியல் மருத்துவம் பற்றித் தெரிந்து கொள்ள ஆர்வம் காட்டுவதில்லை. சில பழமைவாதிகளான மருத்துவர்களுக்கு அதன் சாற்றில் உள்ள தன்மையை நாம் விளக்க வேண்டி அதன் தரத்தில் நம்பிக்கை வைக்க நம்பகத் தன்மையை ஏற்படுத்த வேண்டும். இத்துடன் சில மருத்துவர்கள் மூலிகையைச் சாறு பிழியாது அப்படியே கொடுப்பதுதான் மிகச் சிறந்தது. அதனைச் சாறாக்கிக் கொடுக்கும்போது அதில் பலன் போய்விடுவதாகவும் நினைக்கிறார்கள். சில நாட்டு மருத்துவர்கள் குறுக்கு வழியில் அதிலுள்ள பொருளை அறிந்து கொள்ள முயற்சிக்கின்றனர். அப்படித் தெரிந்தாலும் இவர்-

கள் அதிலுள்ள பொருள்களை மற்றவர்கட்கு வெளிப்படுத்துவதில்லை. இது தேவை எப்படியெனில் பழங்குடி மக்கள் மற்றும் நாட்டுப்புற மருத்துவர்களின் மருத்துவ முறைகளின் ரகசிய உண்மைகளை எளிதில் அறிந்து, அல்லது திருடி உள்நாடு மற்றும் வெளிநாட்டு மருந்து உற்பத்தி நிறுவனங்கள் ஏமாற்றிவிடக்கூடும். ஆகவே, இம்மருந்துகளை சராசரி பயன்பாட்டிற்கு பெரிய அளவில் கொண்டு வருவது என்பது ஒரு சவால் ஆகும்.

தற்பொழுது நூல்கள், ஆண்டறிக்கைகள், சஞ்சிகைகள், தொலைக்காட்சி குறிப்பாக வலைத் தளங்களில் தவறான முறையற்ற மூலிகை மருத்துவ விளம்பரங்களினால் குணமடையக்கூடும் என்ற நம்பிக்கை ஒன்றை மூலதனமாக வைத்து, ஆனால் உண்மையில்லாது, தவறான செய்திகளைப் பரப்பு கின்றனர், விற்பனை செய்கின்றனர். இதில் புட்டி களின் அட்டைகளில் பல மருந்துகளில் உள்ள பொருள்களும், எப்படிப் பயன்படுத்துவது என்று கூறியிருந்தாலும் சில மருந்துகளிலேயே அதன் தீங்கற்ற தன்மை அல்லது தரம் கூறப்படுகிறது. எ.கா.: எட்டிரின் போன்ற மருந்துகளுக்கு அதன் நச்சுத் தன்மைகளை அறிந்திருந்தாலும் அவைகூட மருந்து விளம்பரங்களில் ஒரு எச்சரிக்கையாகக் கூடச் சொல்வதில்லை. மற்றொரு பிரச்சினை, ஒரு மூலிகையின் மருந்து இந்த அளவு கொடுத்தால் நல்ல குணப்பாடு கிடைக்கும் என்று மருத்துவ சஞ்சிகைகளில் தெரி விக்கப்பட்டாலும் அவை இவர்களால் ஏற்றுக் கொள்ளப்படுவதில்லை அல்லது அம்முறையைப் பின்பற்றுவதில்லை. இதற்கு மாறாக, சில தவறான, மறுமுறை திரும்பப் பயன்படுத்த முடியாத முடிவுகள் மருத்துவ சஞ்சிகைகளில் வரும்பொழுது மருத்துவர் களும் அதை நம்பி கலப்படம், மற்றும் சரியாக மூலிகையைக் கண்டறியாதபொழுது கலப்படமான அதனைப் பயன்படுத்தவும் தள்ளப்படுகின்றனர். மற்றும் அவர்கள் சரியான மூலிகையின் அறிவியல் பெயரையும், நோயாளிக்குக் கொடுக்க வேண்டிய சரியான அளவையும் அறிந்திருப்பதில்லை.

முடிவுரை - உலகில் வளரும் நாடுகளில் மூலிகை மருத்துவப் பயன்பாடு அதிகரித்து வருகிறது. இது பொது மக்களின் விருப்பத்தினாலும் மற்றும் அம்மூலிகை களின் அறிவியல் செய்திகளை அறிந்து கொள் வதினாலும் ஆகும். நல்ல மருத்துவர் இனி நோயைக் குணமாக்க மூலிகை மருத்துவத்தை ஒதுக்க முடியாது. ஆகவே, மருத்துவர் இதைப் பற்றிய தேவையான செய்திகளை அறிந்துகொண்டு வரும் நோயாளிகளிடம் மனம் திறந்து பேசவேண்டும். அதேபோல நோயாளிகளும் தாங்கள் சாப்பிட்ட நல்ல மூலிகை மருந்துகளைக் குறித்து மருத்து வரிடமும் கூற, மருத்துவர்கள் அதுபோன்ற நோய் களைத் தீர்க்க அவ்வகை மூலிகை மருத்துவரை நாடிச்செல்ல வழி அமையும். இந்நிலையில் மருத்துவர் நோயாளியின் முழு வரலாறு, உண்ட மருந்தின் பெயர், அளவு ஆகியவற்றை நவீன மருந்துகளுடன் இணைத்து ஆய்வுக்குட்படுத்த முயலலாம். நாட்பட்ட நோய்கள், எ.கா. எய்ட்ஸ், மற்றும் புற்று போன்ற நோய்களுக்குக் கொடுக்கப் படும் மூலிகை மருந்தினால் சில பக்க விளைவுகள் வரலாம். இதையும் நாம் நோயாளியிடம் எடுத்துக் கூறி அதற்கான சரியான மருத்துவமும் அந்நிலையில் மேற்கொள்ளலாம். கடைசியாக மருத்துவர் எந்த மருந்துகளைக் கொடுத்தாலும் அவைகளைக் கண்காணித்து அவை பயன்படுகிறதா அல்லது தீங்கிழைக்கிறதா என ஆய்ந்து சரியான முடிவுக்கு வந்த பிறகே மருந்தின் குணப்பாட்டை சீர்தூக்க வேண்டும். இப்படிச் செய்தால் மூலிகை மருந்தும் மிகச் சிறந்த முறையாக வருங்காலத்தில் வெற்றி பெற முடியும் என்பது திண்ணம்.

O. மருத்துவம்

அந்தக் காலங்களில் வீட்டுக்கு வீடு தாத்தா, பாட்டிகள் இருப்பார்கள். குழந்தைகள் முதல் பெரியவர்கள் வரை யாருக்கு எந்த நோய் என்றாலும் அதற்கான மூலிகைகளைக் கொண்டு கை வைத்தியம் செய்தே குணப்படுத்திவிடுவார்கள். ஆனால், இன்று அநேக வீடுகளில் தாத்தா பாட்டிகளே இல்லை. பணம், வேலை என்று பிள்ளைகள் நகர

வாழ்க்கையைத் தேடிச் சென்று விட்டதால் தாத்தா, பாட்டிகளின் முக்கியத்துவம் இன்றைய குழந்தைகளுக்கு தெரியாமல் போய்விட்டது.
இன்று 60 சதவீத குழந்தைகளுக்கு தாத்தா பாட்டியின் பாசம், அரவணைப்பு கிடைப்பதில்லை. சின்னத் தும்மல், தலைவலி வந்தால் கூட இன்று உடனே டாக்டரிடம் தூக்கிச் சென்று விடுகிறார்கள்.

ஆனால், அந்தக் காலத்தில் தலைவலி முதல் பிரசவம் வரை வீடுகளிலேயே கை வைத்தியத்தால் பார்த்திருக்கின்றனர். வீட்டில் வளரும் மூலிகைகளைப் பறித்து உரல் அல்லது அம்மியில் வைத்து அரைத்து கசாயம் போட்டு கொடுக்க இன்று பாட்டிமார்கள் இல்லை. கஷாயம் குடிக்க மறுக்கும் பேரனை ஓடிப் போய் பிடித்து மடியில் உட்காரவைக்க தாத்தாக்களும் இல்லை. ஆனாலும், தாத்தா, பாட்டிகள் இல்லாத குறையைப் போக்க மூலிகை... இருக்கிறது நம்மிடம். வீட்டில் இருக்க வேண்டிய 15 மூலிகைகள், அவற்றின் பயன்பாடுகள் குறித்து நெல்லை மாவட்டம், பாபநாசத்தைச் சேர்ந்த சித்த மருத்துவர் மைக்கேல் ஜெயராசு விளக்குகிறார். “பெரும்பான்மையான வீடுகளில் மூலிகை வளர்ப்பதை விட்டுவிட்டு அழகுக்காக மலர்ச் செடிகளை வளர்த்து வருகின்றனர். ஒரு வீட்டில் 15 மூலிகைகள் எப்போதும் இருக்க

1. துளசி

துளசியுடன் மிளகு, வெற்றிலை மற்றும் வேம்பு பட்டை ஆகியவற்றை சேர்த்து கஷாயம் வைத்து குடித்தால் காய்ச்சல் குணமாகும். துளசி இலையை புட்டு போல அவித்து, இடித்து, பிளிந்து சாறு எடுத்து தேனுடன் கலந்து குழந்தைகளுக்கு கொடுத்தால் சளி குணமாகும். துளசி இலையை சாதரணமாக மென்றுத் தின்றால் ஜீரண சக்தி அதிகரிப்பதோடு, பசியும் அதிகரிக்கும். 'உணவே மருந்து!' என்ற சொல்லாடல் நமது பாரம்பரியத்தில் மிக முக்கியமானதாக கருதப்படுகிறது. நாம் எதை உண்கிறோமோ அதுதான் நமது

உடலாக மாறி, நம்மை ஜீவிக்க வைக்கிறது. அந்த வகையில் பல அரிய மூலிகைச் செடிகள் நம் பாரம்பரியத்தில் சித்தர்களாலும் யோகிகளாலும் கண்டறியப்பட்டு, அன்றாட வாழ்வில் உணவாகவே இருந்து வந்துள்ளன. அப்படிப்பட்ட ஒரு அற்புத தாவரம்தான் கரிசலாங்கண்ணி கீரை. வெள்ளை, மஞ்சள், நீலம், சிவப்பு என பூக்களின் நிறங்களின் அடிப்படையில் நான்கு வகையான கரிசலாங்கண்ணி செடிகள் இருந்து வந்துள்ளன. இதில் வெள்ளைக் கரிசலாங்கண்ணியை நாம் வரப்போரங்களிலும் தோட்டப் பகுதிகளிலும் எளிதில் பார்க்கலாம். மஞ்சள் கரிசலாங்கண்ணியை பார்ப்பது சற்று அரிது. சிவப்பு மற்றும் நீல பூப்பூக்கும் கரிசலாங்கண்ணி செடிகள் கிட்டத் தட்ட அழிந்துவிட்டதாக கூறப்படுகிறது.

வள்ளலார் சுவாமிகள் மிக உயர்வாக கூறுகிறார். உரைநடையாக அமைந்துள்ள இவரது 6ஆம் திருமுறையில் குறிப்பிடப்பட்டுள்ள பல்வேறு மூலிகைகளின் சிறப்புகளை அனைவரும் எளிதில் படித்து புரிந்துகொள்ளமுடியும். இதில், மஞ்சள் கரிசலாங்கண்ணியை உணவில் சேர்த்து வரும்போது நமது ஆன்ம பலம் பெருகுவதோடு உடற்கழிவுகள் வெளியேறி கண்ணொளி பிரகாசிக்கும் எனக் குறிப்பிடப் பட்டுள்ளது. மேலும், நுரையீரல் சளியையும் மஞ்சள் கரிசலாங்கண்ணி கீரை நீக்கவல்லது. மஞ்சள் கரிசலாங்கண்ணி பொன் நிறத்தில் பூக்கும் மஞ்சள் நிற பூவின் காரணமாக “பொற்றலை கையாந்தகறை” எனும் பெயரில் இன்றும் ஊர்ப்புறங்களில் அழைக்கப்படுவதைக் காணலாம்!

ஆஸ்டியேசி குடும்பத்தை சேர்ந்த இந்த கரிசலாங்கண்ணியில் பாஸ்பரஸ் சத்து நிறைந்து காணப்படுகிறது. நம் முன்னோர்கள் கரிசலாங்கண்ணி இலையை காயவைத்து பொடியாக்கி பல் துலக்குவதற்கு பயன்படுத்தி வந்துள்ளனர். நம் அன்றாட உணவில் துவையலாக, கடைசலாக, பொறியலாக இருந்துவந்த இத்தகைய கீரை வகைகள், இன்று மருந்தாக மட்டுமே பார்க்கப்படுகிறது. விதை மூலமாக அல்-

லாமல் தண்டினை வெட்டி வைப்பதன் மூலமே உற்பத்தி செய்யப்படும் இந்த மஞ்சள் கரிசலாங்கண்ணி கீரை ஈஷா பசுமைக் கரங்களின் நர்சரிகளில் தற்போது கிடைக்கிறது. ஒவ்வொரு வீட்டிலும் வீட்டு வாசலிலோ அல்லது கொல்லைப் புறத்திலோ வீட்டிற்கு தேவையானதை நட்டு வைத்து, உணவில்...... சேர்த்துக்கொள்வதன் மூலம் நமது ஆரோக்கியத்தை மேம்படுத்திக்கொள்ளலாம்.

மொட்டை மாடி மூலிகைத்தோட்டம்! - நமது வீட்டைச்சுற்றி மூலிகைச் செடிகளை வளர்த்தால் நமக்கு நல்ல சுகாதாரமான காற்றை அவை வழங்குவதோடு, உடல் நலன் காக்கும் மருந்தாகவும் அவை பயன்படும். 'எங்கள் வீட்டைச் சுற்றி இடமில்லையே... நாங்கள் எங்கே போய் வைப்பது?!' என்ற கேள்வி சிலருக்கு எழலாம். அவர்களுக்காகவே இருக்கிறது மொட்டை மாடி! ஆம்... நாம் மொட்டை மாடிகளில் இந்த மூலிகைச் செடிகளை தொட்டிகளிலோ அல்லது பாக்கெட்டுகளிலோ வைத்து வளர்த்து, மொட்டை மாடி மூலிகைத் தோட்டத்தினை உருவாக்கமுடியும்.

1. ஈஷா பசுமைக் கரங்கள் திட்டம் - ஈஷா அறக்கட்டளை பசுமைக் கரங்கள் திட்டம் மூலம், தமிழகத்தின் பசுமைப் பரப்பை அதிகரிக்கும் நோக்கில் பல்வேறு செயல்களை மேற்கொண்டு வருகின்றன. தமிழகத்தில் மொத்தம் 35 நாற்றுப் பண்ணைகளை உருவாக்கியுள்ள பசுமைக் கரங்களின் தன்னார்வத் தொண்டர்கள், எளிதில் வளரக்கூடிய செண்பகம், மகிழம், மந்தாரை, ஜக்ரண்டா, அவலாண்டா, லகஸ்ட்ரோமியா போன்ற அழகிய வண்ணப்பூக்கள் பூக்கும் மரக்கன்றுகள் மற்றும் பலா, எலுமிச்சை, நாவல் போன்ற பழ மரக்கன்றுகளும் ஈஷா நாற்றுப்பண்ணைகளில் பிரத்யேகமாக தயார் செய்து வழங்குகிறார்கள். புங்கன், வாகை, தேக்கு, செஞ்சந்தனம் மற்றும் மலைவேம்பு போன்ற மரப்பயிர் வகைகளும் உற்பத்தி செய்யப்படுகின்றன. இவையனைத்தும் மிகக் குறைந்த விலையில் (ரூ.7) விநியோகம் செய்யப்படுவது குறிப்பிடத்தக்கது. தற்போது ஈஷா நாற்றுப்பண்ணைகளில் மூலிகைச் செடிகள் பதியமிடப்பட்டு, விநி-

யோகிக்கப் படவுள்ளன. ஒரு சில குறிப்பிட்ட ஈஷா நாற்றுப்பண்ணைகளில் மூலிகைச்செடிகள் விநியோகம் துவங்கியுள்ளது. எனினும் மற்ற நாற்றுப்பண்ணைகளில் செடிகள் உற்பத்தி நிலையில் உள்ளன. கூடிய விரைவில் அனைத்து ஈஷா நாற்றுப்பண்ணைகளிலும் மூலிகை நாற்றுகளைப் பெற முடியும். உங்கள் ஊரின் அருகிலுள்ள ஈஷா நாற்றுப் பண்ணைகளில் குறைந்த விலையில் பல அரிய வகை மரக்கன்றுகளைப் பெறுவதற்கு 94425 90068 என்ற அலைபேசி எண்ணைத் தொடர்பு கொள்ளவும்

2. **தூதுவளை** - தூதுவளையுடன் மிளகு சேர்த்து கஷாயம் வைத்து குடித்தால் வறட்டு இருமல் குறையும். தூதுவளை பழத்தை வத்தலாக காயவைத்து, வதக்கி சாப்பிட்டால் கண் குறைபாடுகள் நீங்கும். தூதுவளையில் கால்சியம் சத்துக்கள் அதிகமுள்ளதால் எலும்பையும், பற்களையும் பலப்படுத்தும். அதனால் தூதுவளை கீரையுடன் பருப்பு மற்றும் நெய் சேர்த்து சமைத்து 48 நாட்கள் சாப்பிட்டு வர வேண்டும். இதன் முள்செடி, தண்டு, இலை, வேர் ஆகியவற்றை நிழலில் 5 நாட்கள் காயவைத்து பொடி செய்து தேன் அல்லது பாலில் கலந்து சாப்பிட ஆஸ்துமா குறையும். காதுமந்தம், நமச்சல், பெருவயிறு மந்தம் ஆகியவற்றிற்கும், மூக்கில் நீர்வடிதல், வாயில் அதிக நீர் சுரப்பு, பல் ஈறுகளில் நீர்சுரத்தல், சூலை நோய் ஆகியவற்றிற்கும் தூதுவளை கீரை சிறந்தது.

3. **சோற்றுக்கற்றாழை** - இளம் பெண்களுக்கு வரும் எல்லா நோய்களையும் இது குணப்படுத்துவதால் சோற்றுக்கற்றாழைக்கு குமரிகற்றாழை... என்று வேறு பெயரும் உண்டு.சோற்றுக்கற்றாழையை வெட்டி பச்சை நிறத்தோலை நீக்கிவிட்டு, 7 முதல் 8 முறை தண்ணீர்விட்டு நன்கு கழுவி சுத்தம் செய்து, அடுப்பில் ஏற்றி 1 கிலோ கற்றாழைக்கு 1 கிலோ கருப்பட்டியைத் தட்டிப்போட்டு கிளறிக்கொண்டே இருக்க வேண்டும். கருப்பட்டி தூள் கரைந்து பாகு பதத்திற்கு வந்ததும் அதனுடன் கால் கிலோ தோல் உரிக்கப்பட்ட பூண்டினை போட்டு மீண்டும் கிளற வேண்டும். பூண்டு வெந்த

பதத்திற்கு வந்தவுடன் இறக்கிவிட்டு தயிர்கடையும் மத்தினால் கடைய வேண்டும். அல்வா பதத்திற்கு வந்தவுடன் அதை தனியே எடுத்து வைத்துக்கொள்ள வேண்டும். காலை, மதியம் மற்றும் இரவு ஆகிய மூன்று வேளைகளும் உணவிற்குப்பின் 1 ஸ்பூன் சாப்பிட்டு வந்தால் பெண்களுக்கு வெள்ளைப்படுதல், நீர்க்கட்டிகள், நீர் எரிச்சல், மாதவிடாய்க் கோளாறுகள்,பெண்மலடு ஆகியவை உடனே சரியாகும். பெண்கள் மட்டுமின்றி, ஆண்களும் சாப்பிட்டால் உடல் சூடு தணிந்து உடல் வலுவாகும்.

4.மஞ்சள்கரிசாலாங்கண்ணி - ஞானத்திற்குரிய மூலிகை இது. இதைக் கீரையாக சாப்பிட்டால் கல்லீரல் வலுப்படும்.

5.பொன்னாங்கண்ணி - வயல்வெளிகளில் கொடுப்பை என்ற பெயரில் விளையும் மூலிகைதான் பொன்னாங்கன்னி கீரை. 'பொன் ஆகும் காண் நீ' என்பதன் சுருக்கமே பொன்னாங்கண்ணி என்பதாகும். இதை கீரையாக சமைத்து உப்பு சேர்க்காமல் சாப்பிட்டு வந்தால் கண் பார்வை உரி பெற்று கூர்மையாகும்.

6.நேத்திரப்பூண்டு - இதற்கு நாலிலை குருத்து, அருந்தலைப் பொருத்தி ஆகிய வேறு பெயர்களும் உண்டு. இதன் இலைகளை தேங்காய் எண்ணையில் ஊற வைத்து வெயிலில் 5 நாட்கள் வைத்து வடிகட்டி கண்களில் இரண்டு சொட்டுகள் விட்டு வந்தால் தொடக்கக் கால கண்புரை நோய் தடுக்கப்படும்.

7.நிலவேம்பு - நிலவேம்பிற்கு சிறியாநங்கை என்ற பெயரும் உண்டு. பார்ப்பதற்கு மிளகாய்ச்செடி போன்று இருக்கும். நிலவேம்பு இலைகளை ஒரு கைப்பிடி அளவு எடுத்துக் கொண்டு சிறிது மிளகு சேர்த்து சாப்பிட்டால் விஷக்கடிகள் இறங்கும். நிலவேம்பு இலைகளை நிழலில் உலர்த்தி காயவைத்து பொடி செய்து 30 கிராம் பொடியுடன் 1 லிட்டர் தண்ணீர் சேர்த்து அதை கால் லிட்டர் அளவுக்கு வற்ற வைத்து கஷாயமாக குடித்தால் தீராத காய்ச்சலும் தீரும். ஒவ்வொரு ஞாயிற்றுக்கிழமையும் குடும்பத்திலுள்ள அனைவருமே மாலையில் ஒரு கப் கஷாயம் குடிக்கலாம். இதற்கு

ஞாயிற்றுக்கிழமை கஷாயம் என்றே பெயர் உண்டு.

8.பூலாங்கிழங்கு - கிச்சிலி கிழங்கு என்ற பெயரில் கடைகளில் கிடைக்கும். மஞ்சளுடன் சேர்த்து அரைத்து பூசி குளித்தால் உடல் நாற்றம், வியர்வை நாற்றம் இருக்காது. குழந்தைகளை குளிப்பாட்ட ஏற்றது.

9.ஓமவள்ளி - கற்பூரவல்லி என்ற பெயரும் உண்டு. இதன் தண்டு, இலைச்சாறை காலை, மாலை குடித்து வந்தால் தொண்டை சதை வளர்ச்சி குணமாகும். இதன் பருமனான இலைகளை வாழைக்காய் பஜ்ஜி போல பஜ்ஜி மாவில் கலந்து பஜ்ஜியாக சுட்டு குழந்தைகளுக்கு கொடுக்கலாம்.

10.அருகம்புல் - அருகம்புல், வெற்றிலை, மிளகு சேர்த்து காலையில் வெறும் வயிற்றில் குடித்தால் ரத்த அழுத்தம் கட்டுக்குள் வருவதோடு ரத்த ஓட்டமும் சீராகும். தோல் நோய்களும் குணமடையும். இவையெல்லாம் தொட்டிகளில் வைத்து வளர்க்க வேண்டியவை.

11.ஆடாதொடை - எல்லா இருமல் மருந்துகளும் ஆடாதொடையிலிருந்துதான் தயாரிக்கப்படுகின்றன. 100 கிராம் ஆடாதொடையை அரை லிட்டர் தண்ணீருடன் சேர்த்து காய்ச்சி 125 மில்லியாக வற்ற வைத்து வடிகட்டி அதனுடன் 100 கிராம் வெல்லத்தை போட்டு மீண்டும் அடுப்பேற்றி பாகுபதத்தில் இறக்கி குழந்தகளுக்கு கொடுத்தால் இருமல் குணமாகும். பேருகால கர்ப்பிணிகள் 8வது மாதம் முதல் இதன் வேரை கஷாயம் செய்து தினமும் குடித்து வந்தால் சுகப்பிரசவமாவது உறுதி. ஆடாதொடை இலையை நிழலில் காயவைத்து, பொடி செய்து காலை, மாலை பாலில் சேர்த்த

மற்றும்விஷநாராயணி - இவை இரண்டுமே நமது நாட்டு மூலிகையல்ல. இதன் பூக்கள் பார்ப்பதற்கு பூனை மீசை பேன்று இருக்கும். இதன் இலைகளுடன், மிளகு, பூண்டு ஆகியவற்றை அரைத்து நெல்லிக்காய் அளவு எடுத்து காலை, மாலை உணவுக்குப்பின் சாப்பிட்டால் சிறுநீரக செயலிழப்பு மற்றும் சிறுநீரக கோளாறுகளுக்கும், உப்புநீர் நோய்க்கும்

நீல நொச்சி, கரு நொச்சி, வெள்ளை நொச்சி என பல வகை நொச்சிகள் உள்ளது. ஆனால், எல்லவற்றிற்கு-மான மருத்துவ குணம் ஒன்றுதான். நொச்சி இலை, மஞ்-சள் சேர்த்து ஆவி பிடிக்க எல்லா தலைவலியும் குறை-யும் அல்லது நொச்சி இலைகளைப் பறித்து நிழலில் மூன்று நாட்கள் உலர்த்தி தலையணை உறைக்குள் இந்த இலை-களைப் போட்டு நிரப்பி தூங்கினால் ஒற்றைத் தலைவலி குறையும். தலைவலி மாத்திரை, தலைவலி தைலம் என எதுவுமே தேவையில்லை.

14.தழுதாழை - தழுதாழையை வாதமடக்கி இலை என்-றும் கூறுவார்கள். இந்த இலையை வெந்நீரில் போட்டு ஆவி பிடித்தால் உடல்வலி குறையும். மூட்டு வலி, மூட்டு வீக்கம் உள்ள இடத்தில் இந்த இலைகளை வைத்து கட்-டினால் வலி குறையும். ஒரு செடி வைத்தாலே போதும். இதன் வேர்கள் வேகமாக பரவி பக்கக் கன்றுகள் அதிகம் முளைக்கும்

15. கழற்ச்சி - இதன் காய் பல வருடங்களுக்கு முன்பு விளையாட்டுப் பொருளாகவும், தராசுகளில் எடைக்கல்லா-கவும் பயன்படுத்தப்பட்டது. இதன் விதைப் பருப்பை மிளகு சேர்த்து பொடியாக செய்து சாப்பிட்டு வந்தால் விதை வீக்கம் குணமாகும். இதன் இலையை விளக்கெண்ணெயில் போட்டு வதக்கி விதைப்பையில் கட்டினாலும் வீக்கம் குறையும்'' என்றார்.

மூலிகை இலைகளும் அதன் மருத்துவக் குணங்களும்

துளசி: ஜீரண கோளாறுகள், காய்ச்சல், இருமல், ஈரல் சம்பந்தமான நோய்கள், காதுவலி முதலியவற்றிற்கு சிறந்தது. இரத்தத்தில் உள்ள விஷத் தன்மையை வெளியேற்றி சுத்தம் செய்கின்றது.

வில்வம்: காய்ச்சல், அனீமியா, மஞ்சள் காமாலை, சீத-பேதி போன்றவற்றிற்குச் சிறந்தது. காலரா தடுப்பு மருந்தாக வில்வம் செயல்படுகிறது. சிவன் கோயில்களில் வில்வ இலை கிடைக்கும்.

அருகம்புல்: எல்லா நோய்களுக்கும் ஏற்ற சிறந்த மருந்து. காலையில் 9.00 மணிக்கு பசி ஆரம்பித்தவுடன் வெறும் வயிற்றில் சாப்பிட வேண்டும். பசிப்பதற்கு முந்தியே சாப்பிடுவது தவறு. அருகம்புல் சாப்பிட்டு 2 மணி நேரம் கழித்து ஒரு பழம் சாப்பிட்டால் போதும். அடுத்து மதியச் சாப்பாடுதான். இந்த மாதிரி செய்தால் எல்லா நோய்களும் குணமடையும். உடல் எடை குறைய, கொலாஸ்டிரல் குறைய, நரம்புத்தளர்ச்சி நீங்க, இரத்தப்புற்று குணமடைய அருகம்புல் ஒரு உலகப் புகழ்வாய்ந்த டானிக். இரத்தத்தில் ஹீமோகுளோபின் அதிகரிக்கச் செய்வதில் சிறந்தது அருகம் புல்தான். தோல் வியாதிகள் அனைத்தும் அருகம்புல்லில் நீங்கும். இரத்தத்தில் உள்ள விஷத்தன்மைகளை வெளியேற்றுவதில் திறமையானது. விநாயகர் கோயில்களில் அருகம்புல் கிடைக்கும்.

கல்யாண முருங்கை (முள் முருங்கை): அதிகமான பித்தத்தை நீக்கும். முடி நரைக்காமலிருக்க உதவுகிறது. காய்ச்சலைக் குறைக்கும். நீர் பி¡¢யும், மலமிளக்கி, மாத விடாய்த் தொல்லையை நீக்கும் கிருமிகளை வெளியேற்றும். வீக்கங்களை குறைக்கும். நீ¡¢ழிவு, சீதபேதி, வாதம் குணமடையும், 17 வயது வரை வயதுக்கு வராத பெண்களுக்கு இதன் சாறு நல்ல பலன் தருகின்றது.

கொத்தமல்லி: இதுவும் நல்ல டானிக் பசியைத் தூண்டும், பித்தம் குறையும். காய்ச்சல், சளி, இருமல், மூலம், வாதம், நரம்புத்தளர்ச்சி குணமாகும். இரத்தத்தில் கலந்துள்ள சர்க்கரையை குறைக்கவும், இரத்த அழுத்தம், கல்லடைப்பு, வலிப்பு, ஆகியவை குணமாகும். மன வலிமை மிகும். மன அமைதி, தூக்கம் கொடுக்கும். வாய் நாற்றம், பல்வலி, ஈறு வீக்கம் குறையும்.

கறிவேப்பிலை: நல்ல டானிக், பேதி, சீதபேதி, காய்ச்சல், எரிச்சல், ஈரல் கோளாறுகள் மறையும். பித்தத்தைத் தணித்து உடல் சூட்டை ஆற்றும். அதோடு கறிவேப்பிலைக் கீரை மனதுக்கு உற்சாகத்தையும் கொடுக்க வல்லது. குமட்டல்,

சீதபேதியால் உண்டான வயிற்று உளைச்சல், நாட்பட்ட காய்ச்சல் ஆகியவற்றைக் கறிவேப்பிலை குணப்படுத்தும். பித்த மிகுதியால் உண்டாகும் பைத்தியத்தைக் குணப்படுத்த கறிவேப்பிலை உதவுகின்றது.

புதினா: நல்ல டானிக் சிறுநீர் பிரச்சினை, ஜீரணக் கோளாறு, உஷ்ண நோய்கள் மறையும். சிறந்த மலமிளக்கி. புதினா கீரையில் நீர்ச்சத்து, புரதம், கொழுப்பு, கார்போ-ஹைடிரேட், நார்ப்பொருள் உலோகச்சத்துக்கள், பாஸ்பரஸ், கால்சியம், இரும்புச்சத்து, வைட்டமின் ஏ, நிக்கோட்டினிக் ஆசிட், ரிபோ மினேவின், தயாமின் ஆகிய சத்துக்களும் அடங்கியுள்ளன.

கற்பூரவல்லி(ஓமவல்லி) - மிகச் சிறந்த இருமல் மருந்து. 5 இலைகளை அப்படியே சாப்பிட்டால் உடனே மூக்க-டைப்பு, தொண்டை வறட்சி, இருமல் மறையும். புகழ்பெற்ற இருமல் மருந்துகளைப் போல் விரைவாக செயல் புரியும்.

மருத்துவ குணங்கள் கொண்ட மூலிகைகளின் பயன்கள் ... மூலிகைகள் ஒவ்வொன்றுக்கும் தனித் தன்மையான மருத்துவக் குணங்கள் உள்ளன. அவற்றில் கற்ப மூலிகை-கள் என பல மூலிகைகள் உள்ளன. நாம் களைகள் என்று ஒதுக்கும் புல், பூண்டு, செடி, கொடிகள் அனைத்தும் மாபெ-ரும் மருத்துவத் தன்மை கொண்டவை.

1. அதிமதுரம்: இருமல், கபம், பீனிசம், தொண்டையில் கரகரப்பு புண்.

2. சித்தரத்தை: இருமல், சளி, பீனிசம், கோழைக்கட்டு.

3. ஜாதிக்காய்: விந்து நீர்த்தல், இரைப்பை, ஈரல் நோய்-கள்.

4. வெந்தயம்: பித்தம், உடல் சூடு, சர்க்கரை நோய், மேகம், காசம்.

5. வசம்பு: வயிற்று வலி, ரத்த பித்தம், மலக்கிருமி நோய்கள்.

6. ஆவாரம்பூ: அதிதாகம், சர்க்கரை நோய், உடல் உஷ்ணம்.

7. செம்பரத்தம்பூ: தலை, கண், இருதயம், ஈரல் ஆகிய-வற்றின் நோய்கள்.

8. ரோஜாபூ: இருதயம், ஈரல், நுரையீரல் கிட்னி நோய்-கள் நீங்கும்.

9. முல்தானி மட்டி: முக பருக்கள், தேமல்கள், கரும்-புள்ளிகள் (வெளி உபயோகம்).

10. திருபலாசூரணம்: வாய்ப்புண், மலச்சிக்கல், கண் நோய்கள்.

11. திரி கடுகு சூரணம்: பசியின்மை, அஜீரணக் கோளா-றுகள் காய்ச்சல் தீரும்.

12. வசம்பு: வயிற்றுவலி, ரத்தப் பித்தம், மலக்கிருமி நோய்கள்.

13. கரிசலாங்கண்ணி: மஞ்சள் காமாலை, சோகை, ஈரல் கோளாறுகள் வாதம்.

14. கண்டங்கத்திரி: சளி, இருமல், ஆஸ்துமா, ஈசினோ-பீலியா, பீனிசம்.

15. கருந்துளசி: இரைப்பு, இருமல், நீர்க்கோவை, தாது பலவீனம்.

16. கறிவேப்பிலை: பித்தம், பசி, மந்தம், தலைமுடி நிறம் கருமையாகும்.

பீர்க்கங்காயும்

நார்ச்சத்து மிகுந்த காய்களில் பீர்க்கங்காயும் ஒன்று, குறைந்த கலோரிகளை கொண்டது. ஆரோக்கியத்துக்கு அவசியமான அத்தனை உயிர்ச்சத்துகளையும் உள்ளடக்கிய காய் இது. வைட்டமின் சி, துத்தநாகம், இரும்பு, ரிபோப்ளோ வின், மெக்னீசியம், தயாமின் உள்ளிட்ட அனைத்துச் சத்-துகளும் இதில் உள்ளன. செல்லுலோஸ் மற்றும் நீர்ச்சத்து மிகுந்த காய் என்பதால் மலச்சிக்கலுக்கும், மூல நோய்க்கும் மாமருந்தாக உதவுகிறது. பீர்க்கங்காயில் உள்ள பெப்டைட் மற்றும் ஆல்கலாயிட் என்கிற இரண்டும் இயற்கையான இன்சுலினாக செயல்படுவதால், ரத்தம் மற்றும் சிறுநீரில் சர்க்கரையின் அளவைக் கட்டுப்படுத்துகிறது. பீர்க்கங்காயில் உள்ள அதிகளவிலான பீட்டாகரோட்டின், பார்வைக்

கோளாறுகள் வராமலும், பார்வைத் திறன் சிறக்கவும் உதவுகிறது. ரத்தத்தை சுத்திகரிப்பதிலும் பீர்க்கங்காயின் பங்கு மகத்தானது. கல்லீரல் ஆரோக்கியம் காப்பதிலும், குடிப்பழக்கத்தால் பாதிக்கப்பட்ட கல்லீரலைத் தேற்றுவதிலும் கூட பீர்க்கங்காய் பயன்படுகிறதாம்.

மஞ்சள் காமாலை நோய்க்கு பீர்க்கங்காய் சாறு மருந்தாகப் பரிந்துரைக்கப்படுகிறது. தொற்றுக் கிருமிகள் தாக்காமல் உடலைக் காத்து, நோய் எதிர்ப்பு சக்தியை மேம்படுத்துகிறது. தொடர்ந்து பீர்க்கங்காய் சாப்பிடுகிறவர்களின் சருமம் பருக்களோ, மருக்களோ இல்லாமல் தெளிவாகிறது. சரும நோய்கள் இருப்பவர்களுக்கு ரத்தத்தை சுத்தப்படுத்தி, நோயைக் கட்டுப்படுத்துகிறது. வயிற்றில் அமிலச் சுரப்பு அதிகமாவதைத் தடுத்து, புண்கள் வராமலும் காக்கும். ஒட்டுமொத்த உடலையுமே குளிர்ச்சியாக வைத்திருக்கக் கூடியது. சிறுநீர் கழிக்கும் போது உருவாகும் எரிச்சலைக் கட்டுப்படுத்தக்கூடியது. எடை குறைக்க முயற்சி செய்கிறவர்களுக்கு பீர்க்கங்காய் மிக அவசியம். நீர்ச்சத்து அதிகம் என்பது முக்கிய காரணம். பீர்க்கங்காய் சேர்த்த உணவுகளை உண்ணும்போது நீண்ட நேரத்துக்குப் பசி எடுப்பதில்லை.

பீர்க்கங்காயின்பிறபயன்கள்••••••

பீர்க்கங்காயைக் காய வைத்து உள்ளே இருக்கும் நார்ப் பகுதியைப் பதப்படுத்தி, உடம்பு தேய்த்துக் குளிக்கும் நார் செய்யப்படுகிறது. பீர்க்கை நார் சருமத்தை சுத்தப்படுத்தவும், இறந்த செல்களை நீக்கி, ஆரோக்கியமாக வைக்கவும் கூடியது. பீர்க்கை இலைகளை அரைத்து, சொறி, சிரங்கு, நாள்பட்ட புண்களில் பற்று போட்டால் அவை சீக்கிரமே குணமாகும்.

www.ingramcontent.com/pod-product-compliance
Lightning Source LLC
Chambersburg PA
CBHW040108180526
45172CB00009B/1273

* 9 7 8 1 6 3 8 8 6 8 2 7 9 *